スノーピーク
「好きなことだけ！」を仕事にする経営

スノーピーク「好きなことだけ！」を仕事にする経営

目次

Chapter 4

仕事後にキャンプ！のワークスタイル ―― 135

構　成●中沢康彦
（日経トップリーダー編集部）
写　真●栗原克己
カバーデザイン●デザインエイエム
本文デザイン●エステム

Introduction

「真北の方角」に進み続ける

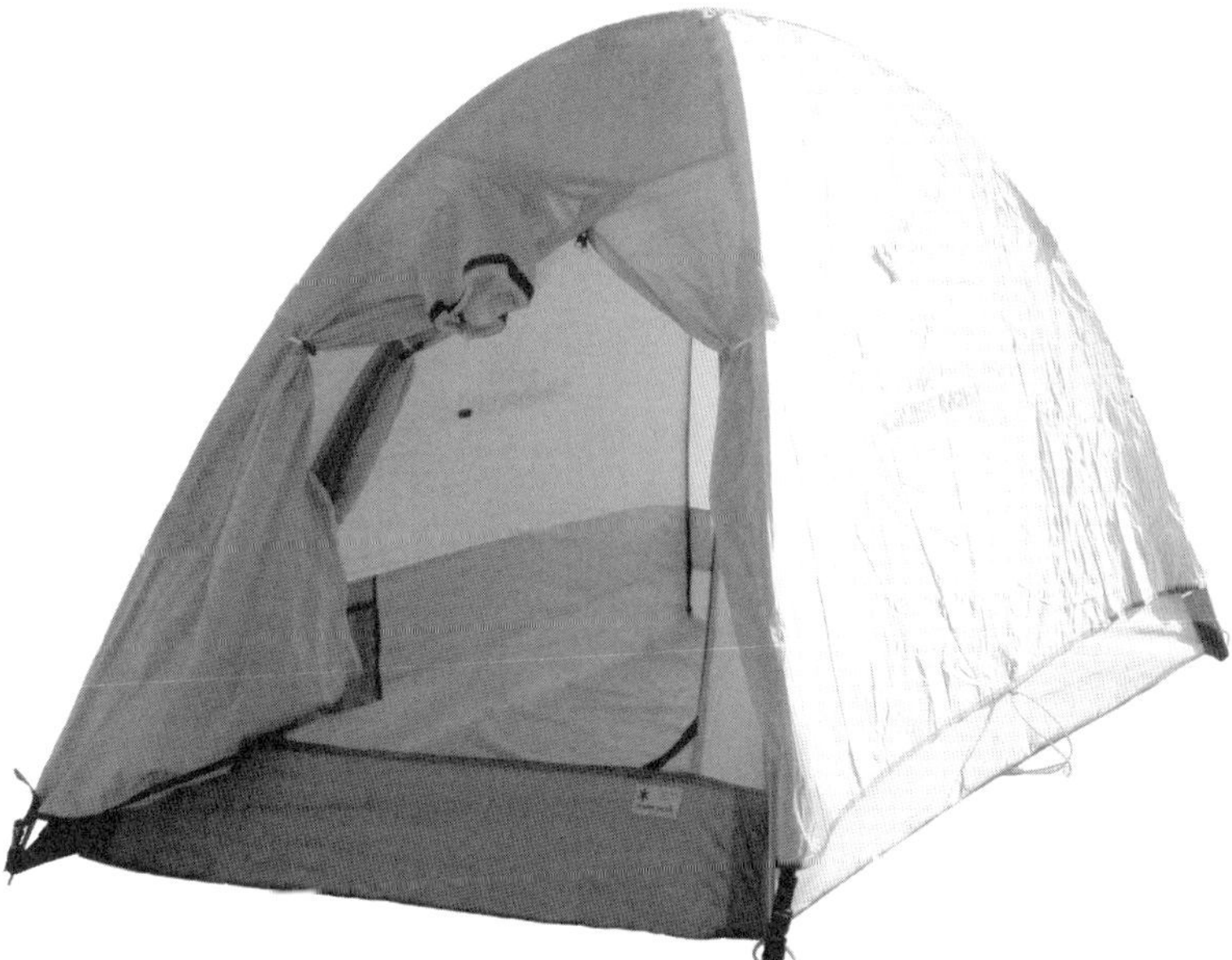

ミッション・ステートメントが「経営のコンパス」になる

コンパス（方位磁針）はアウトドアパーソンにとって、なくてはならない道具だ。また経営者にとっても企業にとっても「経営のコンパス」が必要だと考えている。私はアウトドア用品メーカーの経営者だが、アウトドアには仕事として向きあっているだけではない。もう何十年もの間、毎年30〜60泊をキャンプですごしたり、渓流のフライフィッシングに出かけたりする熱心なアウトドア愛好者でもある。本書ではスノーピークの経営を記していく。そこでまず、アウトドアを愛する者として、このコンパスの話から始めたい。

「コンパスとはどんな機能を持つか」を考えてみたとき、まず思いつくのは「方角を示す」ことになるだろう。確かに地図とコンパスがあれば、どんな場所や気象条件の中でも、進んでいる方向を知ることができる。

ただし、これはどこかぼんやりした表現であり、その特性が分かりにくい。

アウトドアのヘビーユーザーが
こだわり満載でつくったブランド。
それがスノーピークだ

もっとはっきりした説明ができないかと考えたとき思い当たるのは、「常に真北の方角を示す」ことだ。何が起きても、コンパスの針先はいつも真っ直ぐに北を向いている。だからこそ、迷ったときに地図上に置けば進むべき方向を知る手がかりになるし、どんな嵐の中でも目印として活用できる。

コンパスが指す「真北の方角」を経営に置き換えると、それは「会社や仕事の目指す方向」になるだろう。会社にとっての「真北の方角」がはっきりしていれば、経営者の判断は安定する。逆に目指す方向がはっきりしなければ、経営者は岐路のたびに迷いが生じ、正しい決断を下せない。皆さんは自分の会社の「真北の方角」を意識して経営しているだろうか。

スノーピークでは目指すべき「真北の方角」を、ミッション・ステートメント「The Snow Peak Way」(以下、スノーピークウェイ、13ページ)として定めている。会社の根本に位置する経営理念であり、その実現に向けて製品開発、ものづくり、販売を磨いてきた。本書はそのためにスノーピークが考えてきたこと、取り組んできたことを記している。「ミッション経営」を実践してきた記録でもある。ミッション・ステートメント、経営理念の重要性はこのところ、様々な場面で語られるようになった。経営理念を明文化し、社外に公開する会社は数多い。もちろん、会社によって「どの程度真剣に取り組んでいるか」「どれだけ中身を信じているか」「どうやって実行しているか」などには違いがある。この点において、スノーピークは愚直といっていいくらい本気で取り組んできた。スノーピークが成長できたのは「真北の方角」を見失わなかったからだ、と私は確信している。

スノーピークの「真北の方角」を一言で表現すると、それは「ユーザーの笑顔」である。

スノーピークは現在のオートキャンプにおけるライフスタイルの原型コンセプト「ドーム＋タープ＋ＳＬＳ（スノーピークレイアウトシステム）」を創った会社として知られる。オートキャンプとは、ＳＵＶ（スポーツ・ユーティリティー・ビークル）に乗り、移動して行うスタイルのキャンプだ。スノーピークが１９８８年に提唱するまで、日本はもちろん世界のどこにもなかったスタイルである。そして、この新しいキャンプの楽しみ方に合致した製品を「世界で初めて」「どこにもない」にこだわりながら作り、市場を切り開いてきた。

オートキャンプを通して人と自然をつなぎ、同時に人と人をつなぐ。そのためにまず自分たちが本当にほしいかどうかに徹底的にこだわって、製品やサービスを開発してきた。ハイエンドのユーザー向けであり決して安くはないが、「スノーピーカー」と呼ばれる熱心なファンを世界中でつかんでいる。

スノーピークは父が創業した会社であり、私が入社したのは86年のことだった。その時点で社内にはミッション・ステートメントがなかった。私は「企業理念がないと何のために働くか分からない。目指すべき方向をしっかり決めて明文化する必要がある」と考えた。当時社員は15人、年商5億円、売上総利益1・3億円ほどの小さな会社だったが、全員に「自分にとってのミッション」を書いてもらうことから始めた。それをまとめていき、やがてスノーピークウェイができ上がった。もう30年近く経過しているが、いつも皆で決めた「真北の方角」に向かって進んできた。社員は10倍以上の約160人となり、売上高は9倍の45億円ほど、売上総利益は17倍の23億円ほどに成長している。新しい市場を創出して独自のポジションを占めた結果、売上総利益率は約50％と他のアウトドアメーカーに比べて高く、これからも様々なところに伸びしろがある。

もし、「目指すべき方向がはっきりしていない」「経営理念があるけれど、社員はほとんど信じていない」「ミッションを額に入れて飾っているが、社内で重視していない」といった会社があるとしたら、あまりにも、もったいない。これから自分たちがどう進んでいくのかを考え、実践するときの「真北の方角」として生かすべきだ。

本書は私にとって初めての著書となる。業種や役職にかかわらず、本書を読んだ人が「真北の方角」を目指すきっかけになれば幸いである。

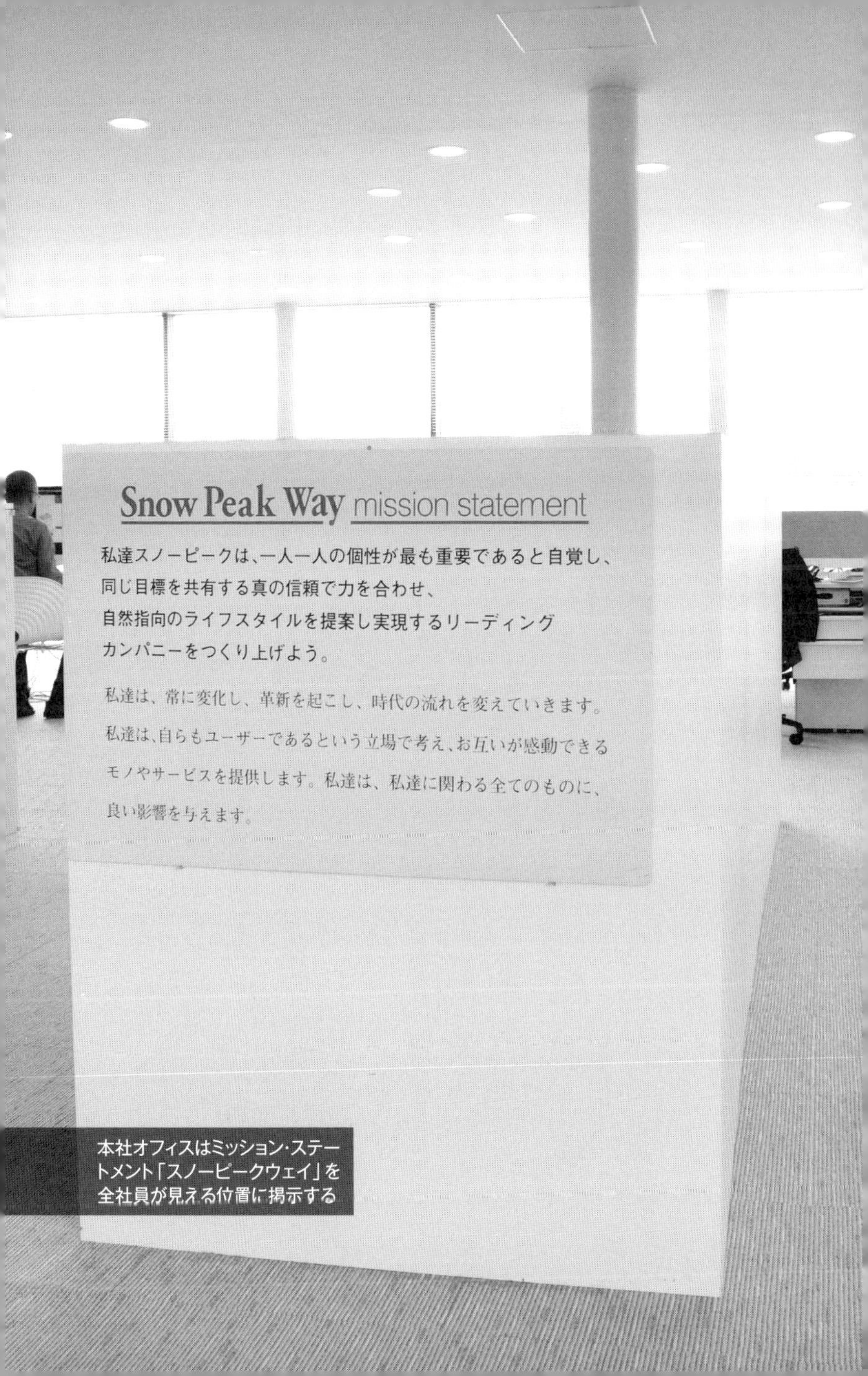
Snow Peak Way mission statement
私達スノーピークは、一人一人の個性が最も重要であると自覚し、
同じ目標を共有する真の信頼で力を合わせ、
自然指向のライフスタイルを提案し実現するリーディング
カンパニーをつくり上げよう。
私達は、常に変化し、革新を起こし、時代の流れを変えていきます。
私達は、自らもユーザーであるという立場で考え、お互いが感動できる
モノやサービスを提供します。私達は、私達に関わる全てのものに、
良い影響を与えます。

本社オフィスはミッション・ステートメント「スノーピークウェイ」を全社員が見える位置に掲示する

Chapter 1

熱狂的なファンが支える

「スノーピーカー」はどうして生まれたのか

スノーピークを支持する熱狂的なユーザー。それはスノーピーカーと呼ばれている。私たちがオートキャンプのスタイルを提案するまで、日本におけるキャンプのスタイルは大きく2つに分かれていた。1つは「学校行事で行くキャンプ」の流れであり、もう1つは「ゴールデンウィークや夏休みにホテルや旅館にお金を使いたくない人が代用するキャンプ」だった。どちらも豊かなスタイルからは程遠かった。これに対して、SUVを走らせ「自然の中で豊かで贅沢な時間をすごすためにキャンプをしよう」というのがスノーピークの発想の原点だ。ミッション・ステートメントに「自然指向のライフスタイル」の実現を掲げ、目指す方向に真っ直ぐ進んできた。すると自ずからファンが増え、熱狂度が高まるにつれてブランドづくりが加速してきた。

最高ランク、ブラックカードの保有者は約６００人

売上高を見ても、スノーピークの経営は熱心なファンに支えられているという事実がある。ユーザーに発行しているポイントカードを基準にすると分かりやすいだろう。カード会員は約10万人（２０１４年末見込み）で、1年間の購入金額に応じてレギュラー、シルバー、ゴールド、プラチナ、ブラックという5つのランクを設けている。上位になるほどポイント付与率は高まり、貯めたポイントは非売品のオリジナルギフトや提携キャンプ場の優待などのサービスと交換できる。ランクアップには、それぞれ1年間にシルバーは10万円分、ゴールドは20万円分、プラチナは30万円分の製品をお買い求めいただくことを条件にしている。最高ランクのブラックカードはプラチナの中から累積の購入金額が１００万円に達したお客様に送っている。いったんプラチナ以上に到達すると、翌年以降は年間のお買い求め金額にかかわらず、ランクを維持できる仕組みだ。

スノーピークにとってロイヤルカスタマーといえるのはプラチナカード、ブラックカードの保有者だ。２０１４年末でプラチナの保有者が５５００人ほど、ブラックカードの保有者は６００人ほどになる見込みだ。

つまり、プラチナ以上の保有者はカード会員全体からみると、人数では6〜7％ほどの比率にすぎない。しかし、スノーピークでは、この層の売り上げが全体の4分の1を占めている。それだけスノーピークの製品やサービスに深く興味を持っている熱心なユーザーに支えられている。

熱狂度の高いブラックカードの所有者は東京など首都圏を中心に関西や名古屋、さらに札幌、仙台、広島、福岡など全国各地に散らばっている。共通するのは都市部のお客様であることだ。アウトドアの愛好者はもともと都市で生活する人が多く、ブラックカードの顧客は特にこの傾向が強い。同時に私の印象では、コアなユーザーほど知的好奇心が強く、所得水準も高い人が多い。アウトドアを楽しむこと自体、簡単に言えばわざわざ原始的な生活をすることである。普段の仕事や生活が知的でないと、アウトドアの面白さを理解できない側面がある。またスノーピークの製品はハイエンド向けで値段は安くない。購入するにはある程度の所得が必要であり、コアなユーザーには企業の経営者や管理職が多い。

年齢的にみると、30〜40代が中心となっている。子供が2〜3歳くらいからファミリーでのキャンプをスタート。父親が主導する形でスノーピーク製品を愛用するケースが多いが、母親が選んでくれるファミリーもいる。子供がキャンプを楽しみ、その姿を見た両親は「ウチの子がイキイキした顔をしている」と喜ぶ。家族というユニットが最も幸せになるのがオートキャンプだと思う。子供が12歳くらいまでファミリーでキャンプに出かけ、もっと大きくなると、今度は夫婦でキャンプを楽しんだり、父親1人で出かけるようになる。スノーピークの場合、男性同士は同じ製品のユーザーとしてグループを形成し、待ち合わせて出かけたりする。最近キャンプを始めたユーザーも、25年以上アウトドアを続けているユーザーも一緒にキャンプを楽しむ。そこには「同じスノーピーク製品のユーザー」というコミュニティーがある。

2013年11月末にはブラックカードの顧客に本社に来てもらい、敷地内にあるキャンプ場で「ブラックカードホルダーナイト」を開いた。日本中から約200人が集まり、私や社員が参加して雪の中でのキャンプを一緒に楽しんだ。

アウトドアの楽しさを深めながらランクアップ

ポイントカードの仕組みをもう少し説明したい。購入金額によるランクアップを導入しているからといって、我々はユーザーに不要な製品を買ってもらうつもりは一切ない。

ポイントカードは顧客がアウトドアの楽しみを深めるにつれて、ランクが上がるように設計している。最初のレギュラーカードからシルバーに到達する目安は、アウトドアの入り口として適切な「春夏のキャンプに必要な製品」を一式お買い求めいただいた段階だ。春夏は気象条件がいいため、入門モデルとして最適なドーム型のテント、雨と日差しを防ぐタープ、さらに簡単な屋外用のキッチンシステムなどがあれば十分で、これらをスノーピークで購入するとシルバーカードに切り替わる。

もっと楽しみたいという場合、1年中キャンプに出かけるようになる。これがゴールドに到達する段階だ。具体的には、例えば耐寒性の高いシェルターが必要になるし、スリーピングバッグも本格的になってくる。また寒い季節に向けて焚火台を追加していく。春夏の基本仕様に加えて、秋冬の用品もそろえれば通年でキャンプを楽しむことができる。

プラチナはアウトドアの楽しみを深めていく段階だ。例えば、アイアングリルテーブルのソリューションを購入。「フレーム」「脚」「ユニット」を組み合わせて自分に合ったスタイルの快適なキッチンやダイニングを作っていく。最上位のブラックカードのお客様はスノーピーク製品全般に強い関心を持ち、新製品をこまめにチェック。テント、タープを複数持っていることが多く、中にはテントを5張、タープを5張持つヘビーユーザーもいる。

新潟県三条市のスノーピーク本社エントランス。全国のスノーピーカーにとって憧れの地だ

従来の10倍の値段のテントでビジネスを開始

ポイントカードはファンをつくる上できっかけの1つになっている。しかし、だからといって顧客が「カードがあるから、スノーピークのファンになっている」のかといえば、それは違う。ファンになった人がスノーピークの世界をさらに楽しむための仕組みという面が強く、ファンづくりを加速する要因にとどまる。

では、ファンを生む上で一番の核になるのは何か。私はそれは他社と圧倒的に差異化した製品、サービスの提供であると考えている。このため、ミッション・ステートメントには「自らもユーザーであるという立場で考え、お互いが感動できるモノやサービスを提供」と記している。こうしてできた製品の品質やコンセプトを通して顧客がファンになっていく。シンプルだが、やはりこれこそがスタート地点になる。

ここで簡単なクイズを出してみたい。父が社長だったスノーピークに私が86年に入社し、最初に作ったテントの値段はいくらだったか。

ヒントを出そう。80年代後半のアウトドアのマーケットでは、テントといえばおおむね9800円の製品と1万9800円の製品の2種類があるだけだった。アウトドアの熱烈な愛好者である私からしたら、9800円のテントは確かに「テントの形」をしていたが、雨が降るとすぐに雨漏りし、風が吹くとつぶれることが多かった。では、1万9800円のテントがどうだったかといえば、9800円の製品より少しましなだけであり、やはり雨漏りしたし、風が吹くとつぶれることが多かった。だから誰もが雨が降らないことを祈りながら使っていた。

それまで父の築いてきた事業は釣り具や登山用品が主体だった。しかし、私には「もっとしっかりしたテントやキャンプ用品がほしい」という強い思いがあった。そこからスノーピークの新しい市場への参入が始まった。お金に糸目をつけることなく最良の素材とテクノロジーをつぎ込んだ。そして、「これ以上はない」と思える品質のテントを作った。私にとって自信作だったが、その分コストがかかり、価格は16万8000円となった。それまでの10倍近い値段であり、社員は皆「こんなに高くては1張も売れないだろう」と冷ややかに笑った。

では、実際にどうだったのか。実は、私の予想も上回り、初年度で100張ほどが売れた。日本のアウトドアの歴史において、ハイエンドのキャンプ用品市場が誕生した瞬間だった。それまで市場にあった9800円、1万9800円の製品に対して、スノーピークは16万８０００円と思い切ってハイエンドで差異化したところ、新たなマーケットが開けた。言い換えれば、「もっといい製品がほしい」と思っていたユーザーにとって、初めて納得できる製品を買うことができた瞬間でもあった。

我々は製品を通してキャンプのスタイル自体も変えた。テントは設営に必要な時間を大幅に短縮。持ち運ぶときのサイズをコンパクトにまとめ、ＳＵＶのラゲージにちょうど入る大きさに設計にした。一方で設営後のスペースは従来よりも広くなっただけでない。テントをベッドルームにすると同時にタープを組み合わせることによってリビングキッチンのスペースを創出。リビングキッチンのシステムは使い勝手のよさだけでなく、収納が簡単でコンパクトな点にもこだわった。こうして、スノーピークは徹底的にキャンプにリッチな価値観を導入することによってユーザーの支持を集めた。これこそがスノーピークが熱狂的なファンを生む原動力だ。

マーケティングはやらない！

多くの企業は経営戦略を決定する上で市場を調査し、同業他社の取り組みを研究したりしながら、「競合に対してどう手を打つか」といったマーケティング戦略に力を注いでいる。

しかし、最初のテントで分かるようにスノーピークはこうしたマーケティングを一切行ってこなかったし、これからもそのつもりはない。他社の製品をベンチマークして研究したところで新しい製品は生まれない以上、スノーピークがそんなことをする必要はないからだ。マーケットの状況から判断するのではなく、自社のミッション・ステートメントから考えていき、それを具体的な戦略に落とし込む形でビジネスを展開している。「世の中にない製品」を作るタイプの会社であるため、「今ある製品」には全く興味がない。

「自然指向のライフスタイルを提案し実現するリーディングカンパニーをつくり上げよう」とミッション・ステートメントで宣言した当時、スノーピークは年商5億円で社員が15人だった。小さな会社が掲げる目標としては相当大きな内容だ、と今の私は思う。周囲に笑う人がいたかもしれない。しかし、目標を掲げるということは、それがリミットになるということでもある。掲げた目標以上に会社がなることはないのだから、経営者はできる限り高い目標を立てたほうがいい。どんなに高い目標を掲げても誰かに迷惑をかけることはない。だからこそ、目標はどんどん高くしていくべきだし、実際にスノーピークはそうしてきた。

ミッション・ステートメントをつくってから30年ほどかけて、その目標に合致したリーディングカンパニーになりつつあると自負している。もし、あのときに大きな目標を掲げなかったら、今のようになっておらず、熱狂的なファンを生むこともなかっただろう。

突き抜けたユーザーの目線で製品を開発

例えば、嵐の日にキャンプをする場合、周囲のテントやタープが風でつぶれたにもかかわらず、スノーピークのキャンプ用品を使っていた人は、不安なくキャンプを楽しむことができた。こんな経験をするとユーザーは「スノーピークの製品を使っていてよかった」と思ってくれる。そして、実際に製品を使ってみた結果として、顧客が「感動」し、ファンになる。最初に手に取ったときに、「他社の製品と質感が違う」と思ってもらったり、「使い勝手が段違いに素晴らしい」と気づいてもらうケースもある。「感動」の根底にあるのは製品とサービスであり、それに尽きる。

背景にあるのはミッション・ステートメントに定めた「自らもユーザーであるという立場」で考える姿勢だ。

スノーピークは全社員がアウトドアの熱心なユーザーばかりだ。私自身ここ何十年を振り返ると、最も少なかった年でも30日ほどはキャンプに出かけているし、平均すると毎年

本社のキャンプ場は冬場、雪に
覆われる。一面に広がる白い世
界はアウトドアの楽しみの1つ

40〜50日はキャンプしている。それだけアウトドアが好きだし、ユーザーとして突き抜けているると思っている。一方、他のキャンプ用品メーカーの経営者や社員は、意外なくらい自分ではキャンプをしない。このため、ユーザーにとっての「感動」の意味が分からないケースがたくさんある。スノーピークは海外でもビジネスを展開しているので、世界各地のアウトドアメーカーの経営者と話す機会があるが、自分よりもキャンプの泊数が多い人にはいまだに会ったことがない。そんな私が社長としてシビアにレビューして、開発陣も自分たちのほしい製品をきちんと作る。自分たちで徹底的にキャンプをしながら製品を開発しているからこそ、強風でもびくともしないテントができるし、徹底的に使い勝手のよいギアが生まれる。ここに他社との大きな違いがある。それだけにキャンプを何年も楽しんでいるベテランにほど、スノーピーク製品の魅力を理解してもらえるはずだ。

ファンこそが新しいファンを呼ぶ

顧客に感動していただくには、まずは使ってもらうきっかけが必要だ。この点でもファンの存在が役立っている。最近では直営店や取引先の店舗内にスノーピークストアとしてまとまって売り場を確保しているため、ブランドとしての世界観に共感しファンになってくれる顧客もいる。しかし、少し前までなかなかこうしたスタイルの販売は実現していなかった。今のような形で差異化していくまでは、製品自体の力と実際に使ってくれた人の口コミがファンづくりの大きな原動力になってきた。

我々の製品を使い始めるきっかけで一般的なのは、身近にスノーピーク製品のファンがいるケースだ。ある人がキャンプを楽しもうと考えて、他社のアウトドア製品をホームセンターで購入したが、すぐにダメになったとしよう。それでも諦めずに、次にはスポーツ量販店でもう少しだけ高い製品を買って試したが、やはりダメだった。「ではどうしようか」と悩んでいたとき、周囲にいるスノーピークのユーザーから「他の会社の製品とは違う」と聞いて、スノーピークの製品を使ってみる。それがきっかけになって、製品の良さを知ってもらうことが多い。

既にユーザーとなっているアウトドア愛好者は、友達がキャンプを始めるとき、スノーピークの製品を強く勧めてくれる傾向がある。コアなファンが新しいファンを呼び、ときには社員以上にスノーピーク製品を一生懸命勧めてくれる。これは我々の製品やサービスに感動してくれた結果であり、彼らの期待を絶対に裏切ることはできない。そのためにも、これからもミッション・ステートメントに愚直にこだわっていく。

キャンプの焚火を囲んでユーザーと直接語り合う

ファンづくりの面から見たとき、スノーピークの特徴は顧客と経営者である私や社員、スノーピークという会社そのものとの距離が近い点にある。私はヘビーユーザーの顔や名前をたいてい覚えているし、ユーザーも私や社員のことをよく知っている。そういう意味ではお互いが「バレバレな会社」だといえるかもしれない。会社と顧客との間にファイアウォールをつくらないことは、他のアウトドアメーカーにない特徴だと思う。

そのためには、2つの取り組みがポイントになっている。

1つはキャンプイベント「スノーピークウェイ」の開催だ。顧客とスノーピークの社員が一緒にキャンプを楽しむイベントで、スノーピークの魅力、目指す方向を直接伝えるため、ミッション・ステートメントと同じ名称にしている。フェース・ツー・フェースで話し合いながら、顧客にスノーピークにどんどん参加してもらう。

AKB48との共通点

このイベントは98年からスタートし、17年以上続けている。現在は毎年6回、全国各地で開催する。人気が高く、参加希望者からの抽選制になってしまっている。じっくり参加してもらうえるように、最近では2泊3日形式が中心だ。2日目はテントの設営や撤収を忘れ、朝起きた瞬間から寝るまでアウトドアの醍醐味を楽しみながらコミュニケーションできるからだ。

コアなユーザーはこのイベントに参加していただいていることが多い。私は特別な事情がない限り必ず参加し、顧客と向き合って色々な話をしている。イベントのハイライトは太陽が沈んでから、焚火を囲んで行う「焚火トーク」だ。アウトドアの楽しみ方について話すと同時に、製品について様々なレビューをしてもらう。直接交流することによって、お客様との距離がぐっと縮まっていく。

年間の参加者数は合計で5000人ほど。これまでの参加者数は延べ人数で約7万5000人となる。私は「この人数はスノーピーク製品のコアユーザー数とかなり近いのではないか」と思っている。もしそれが正しければ、ほぼすべての顧客に少なくとも

1回は会っていることになる。そんな社長は他にどれくらいいるだろうか。もちろん私は毎日キャンプだけしているわけではない。経営者としての仕事も日々しているわけであり、ユーザーとの接点が多いのは私の仕事と生活が深く、広く重なり合っているからだ。

人気のアイドルグループ、AKB48は「会いに行けるアイドル」がコンセプトだと聞く。その意味ではスノーピークは「会いに行ける会社」であるといえるだろう。これは私が考えたのではなく、著名なビジネス誌の特集が組まれ、その扉がAKB48で、本文の最初がスノーピークだったので気づいたことだ。自分たちの目指すべき方向を見失わないために、毎年何千人ものユーザーと直接会う機会は、私にとって何物にも代えられない大切で楽しい時間でもある。

このイベントでは、参加者が全員で楽しめるゲームも行う。例えば、自分で折った紙飛行機を飛ばす「紙飛行機大会」は大人も子供も笑えるし、誰が勝っても負けても一緒に楽しめる。例えば、私がうまく飛ばしたときには「社長、折り方を教えてよ」となるし、顧客とメーカーの垣根を乗り越えるきっかけになる。

イベントには社員も全面的に参加しているし、社内の体力もリソースもふんだんに使っている。もともとアウトドア好きがそろっているので、キャンプとなると「体が勝手に動く」会社だ。イベントにかけている費用は計算したことがないし、イベントで儲けようともしていない。キャンプサイトの代金は参加者に負担してもらうが、イベント自体の売上高はゼロ。一方、社員にとっては休日出勤となり、後日、代休を取得してもらう。会社としてはもちろんコストをかけている。

期間中に会場で製品の販売は行わない

会場となるキャンプ場では新製品などを展示するものの、このイベントは営業や販売促進の目的ではない。だから、その場で社員が参加者に製品を売り込んだりすることはあまりない。顧客がもし買いたい製品があれば、後日店舗で買ってもらう。「せっかくの機会なのにもったいない」と言われることがあるが、私はそうは思わない。あくまでもこのイベントはユーザーとの接点の場として位置づけている。例えば、ある社員が「この製品を作っている」と参加者に話しかけると、「この製品はすごく使いやすいし、いいんだよね」と話してくれたり、「こんな点を使いやすくしてほしい」といった声をたくさんいただく。顧客にとって製品がよくなければ、厳しい言葉をもらうこともある。私や社員も同じくアウトドアのユーザーであるため、参加者の話は実感を持って伝わり、そこから製品の改良が進んでいく。

社員はこうした体験を通じてスノーピークは実際に「顧客を幸せにしている会社だ」と実感できるし、「スノーピークという会社が愛され、顧客に支えられている」ことを理解できる。こうして「真の顧客は誰か」がイベントを通して分かる。ユーザーからほめられたり、叱られたりする機会は貴重だし、直接話すことによって初めて分かることが間違いなくたくさんある。

このイベントにおける私は、ユーザーである顧客から見て「普通にキャンプをしている友達」「いつもキャンプ場で会う人」であることが理想だ。そして「よく考えたら、そういえばこの人がスノーピークの社長だ」という感覚を持ってもらったら理想的だ。私はあくまでも「他の人と同じように、キャンプをする参加者の1人」にすぎない。「アウトドアの愛好者としてたまたまスノーピークという会社を組織して製品を作っている」が、「ベースは他の参加者と同じ、アウトドア愛好者」としてユーザーとつき合う。これこそが私にとってベストだ。

世の中には、ユーザーと直接触れ合うことをしない経営者がいるようだが、私は正反対だ。積極的に顧客と話すし、テントを回って一緒にお酒を飲んだりもする。それが自分の

社長室の扉はいつも開いている。
オープンな作りであり、外から執
務の様子も見える

役割だと思っているので「面倒だ」と思ったことはない。私の仕事は簡単に言うと、自然と人をつなぎ、人と人をつなぐことだ。例えばキャンプイベントのスノーピークウェイでは、たまたま隣り合った家族同士が友達になったりすることがたくさんある。人生において真の友達の価値はプライスレスであり、何物にも代えられない。スノーピークを通して人と人がつながるとすれば、それは私の人生のミッションが達成できている瞬間であり、とてもうれしいことだ。

ユーザーを幸せにしている実感を直接持つことのできるビジネスはそれほどないと思うが、スノーピークのビジネスではそれができる。企業である以上、売り上げがアップするかどうかは経営者として最後には考えなければならないが、それ以前に社会的に意義がある事業を行っている意識がスノーピークにはある。この思いを社員と共有することが、仕事への高いモチベーションの維持につながっている。

6期連続で業績ダウンのピンチがきっかけ

ただし、正直に言えば、このイベント「スノーピークウェイ」は最初からそこまでの意識を持って始めたわけではない。ユーザーが直接スノーピークと触れ合える環境を整えてきたが、リレーションシップマネジメントというほど狙って仕組んだものではない。むしろ、自然発生的に今の形ができてきたというほうが正しい。何がよかったのかといえば、やはりイベントの場で直接、私や社員が顧客の意見を聞けたことによって、真の顧客であるユーザーがそれまでスノーピークとの間にあった距離を次第に埋めてくれ、スノーピークに参加してくれたことだと思っている。振り返ると、キャンプイベントのスノーピークウェイをスタートした理由は「スノーピークとはそもそも何だろう」「存在する意義はどんな点にあるのか」が分からなくなっていたことだった。

スノーピークが88年にオートキャンプのブームを起こすまで、日本のアウトドアは登山が中心だった。80年代後半まで日本でアウトドアといえば、ほぼ例外なく山登りのことを指していたし、それが業界の常識だった。一方で当時、自動車の年間登録台数のうち10％ほどが四輪駆動のＳＵＶとなっていた。このタイプの車がとにかく売れ、アウトドアを楽しみたい人もすごく多かった。が、登山以外のアウトドアは誰もやっていなかった。

不思議な時代だった。こうした中で、私は社員15人で社会を変えていこうと考え、新しいビジネスをしかけた。結果的に大ブームを巻き起こし、ＳＵＶに乗って出かけるキャンプの需要を一気に開拓。５年後には日本のオートキャンプ人口が２０００万人に達した。

93年に売上高25億5000万円、経常利益3億5000万円となった。これがスノーピークが時代の流れを変えた最初の事例となった。

しかし、ブームが収束すると、今度は売上高がガクンと落ちる状況に見舞われた。社長を務めていた父が亡くなった1年後、母が社長になってから3期連続で業績がダウン。そこで私が社長に就任したが、それでも業績は落ち続けた。いつの間にか6期連続の減収となり、売上高は14億5000万円まで下落していた。経常利益は4000万円あったものの、先の全く見えない状況だった。

一方でアウトドアの業界にはトレッキング、カヌー、自転車などいつも何らかのブームが起きている。製品を例にとっても、ダウンウエアがブームの年もあればフリースがブレイクする年もある。そのときはやっている製品を売ればいいという小売店が多く、ブームが終わると、それまであったニーズが一気になくなる。売り上げを少しでも取り戻そうと私が小売店を訪問しても「キャンプのブームは終わったから、スノーピークはもうこなくていい」と何度も言われた。私は次第に「スノーピークの社会的な存在意義はまだあるのか」と迷うようになった。その思いは社員も同じだった。

「では、ここからどうしようか」と考えたとき、ブームの終焉によって当時、キャンプのイベントが日本中で消えていることに気づいた。するとある社員が「自分たちの存在意義はよく分からないが、それでもユーザーの顔を見ると仕事を頑張れる」と言った。そこから「では、スノーピークでユーザーとキャンプを楽しもう」となり、イベントの構想が動き始めた。我々が進む道を照らしてくれたのはユーザーだったのだ。それでもアウトドア雑誌に「スノーピークとキャンプしましょう」というコピーで1ページ広告を出したとき、応募数はわずか30組だけだった。反響は小さかったが、「とにかく実施しよう」と、98年に1回目のスノーピークウェイを開催した。

今では恒例となっている焚火トークはこのときからスタートしている。暗闇を照らす火の周囲に参加者と一緒に集まって、様々な話をした。詳しくは以降の章で記していくが、そこから具体的な経営改革のヒントが生まれたことが今のスノーピークにつながっている。このイベントは私や社員にとって特別なものであり、その場に代表されるようなユーザーとの距離の近さがスノーピークを支えている。製品を通して改めて顧客とウィン・ウィンの関係を構築したことによって、売上高は再びプラスに転じていった。アウトドアの業界は不況の影響を受け、93年をピークに2009年までずっとシュリンクし続けたが、スノーピークは2000年から2013年まで増収増益基調を続けている。

SNSでしっかり交流「炎上」も乗り越える

顧客との距離を近くするもう1つの工夫が、インターネットの活用だ。キャンプイベントは直接、ユーザーと話すことができる一方、物理的な制約があるし、毎日開催できるわけではない。日常的に顧客とコミュニケーションを深める方法はないだろうか——。そう考えて立ち上げたのが、SNS（交流サイト）の「スノーピーククラブ」(http://kanshin.snowpeak.co.jp/)だ。

インターネット経由で登録すれば、誰でも自由に参加できる。「プロダクツレビュー」「アウトドア料理レシピ」「おすすめキャンプ場」など、アウトドアについてのトピックを自らエントリーすると同時に、他の顧客のトピックを自由に閲覧して書き込むことができる。週末にキャンプを楽しむユーザーが多いため、毎週月曜日になると様々なトピックがすごい勢いで展開していく。それぞれ「この製品を使ったら、○○だった」「△△なキャンプに出かけた」といったことを実感を込めて書いている。

「この製品とこの製品のどちらを買おうか迷っているが、この場合にはどちらがよいか」といった質問に対しては「自分の場合はこうだった」いう投稿が次々に集まる。こうしてSNSを通じて、顧客同士が自発的に「同じスノーピーク製品のユーザー」としてつながっていく。これまで3万6000(2014年3月時点)のトピックがあり、活発な意見交換が行われている。

スノーピーククラブでは「関心空間」のシステムを使っている。原型がスタートしたのは93年だからもう20年以上になる。始めたときはフェイスブックやツイッターはなかったし、周囲にモデルとなる会社やウェブサイトはなかった。それでもインターネットの可能性の大きさに気づき、私は直感的に「よいコミュニティーが構築できるかもしれない」と思って立ち上げた。

登録しているメンバーは、2014年3月時点で7万人ほどいる。この数はキャンプイベントのスノーピークウェイに参加したお客様の延べ人数約7万5000人と比較的近い。このため、私は「顧客の多くがリアルなイベントにもSNSにも参加している」と捉えている。

厳しい声にも、しっかり対話することが大切

SNSでは、ときには行き違いなどによって「炎上」が起きることもある。私はだからといって消極的に捉えるのでなく、しっかりコミュニケーションすることが大切だと思っている。例えば、為替相場の変動で材料費が大きく上がったために製品価格を値上げしたとき、ユーザーからスノーピークに対して批判の声が集中し、一部のユーザーによって大炎上したことがある。具体的には「値上げはけしからん」という厳しい意見の顧客に対して、社員が「コストが上がるのだから、仕方がない」とSNS上で発言。そこから顧客との間でかなりのやりとりが続いた。私はこのとき、一連の流れをずっとウオッチしていた。そして、大炎上状態の中で意見が出尽くしたタイミングで、「選択権はユーザーにあります。消費者としての選択権を正しく行使してください」と書いた。

コストが上がっているのだから、少し価格を上げるのは正当なことだ。高いと思ったら買わなければいい。その価格でも価値があると思ったら買ってもらえばよい。売れなかったら、スノーピークはその事実を受け止めなければならない――。そんな思いがSNSを通して伝わったことで、その後も多くの顧客がスノーピーク製品を選び続けてくれた。

父が創業したころの看板を本社の見学ルートに展示。培ってきた歴史を大切にしている

このとき同時にスノーピークはSNSでユーザーとしっかり交流、対話する姿勢が伝わったと思っている。ＳＮＳはインタラクティブな情報提供ができるため、企業にとって有益な手段だ。

顧客との距離を縮めるＩＴ活用の取り組みは、スノーピーククラブだけではない。例えば、多くの企業が活用するフェイスブックについては、メーンの広報手段の1つと位置づけていて、ここでもコミュニティーづくりを図っている。２０１4年5月時点で「いいね」を6万人ほどからもらっていて、アウトドアブランドでトップの共感数を集めている。

ＩＴによる顧客との関係強化はこのところ、多くの会社が目指している。それでも、あまりうまくいかないケースがあると聞く。その中には、なかなか参加者が集まらなかったり、スタート時の勢いを維持できなくなったりして、いつの間にか「開店休業」になる会社もある。これに対してスノーピークの取り組みがうまくいっているのは、やはり、リアルなキャンプイベントを同時に行っている効果が大きいと思う。ＩＴの取り組みと実際のイベントが表裏一体になっているからこそ、ユーザーと会社がしっかり結びついている実感がある。

キャンプ場が新しいコミュニケーションの場になる

熱狂的なファンの多さから、スノーピークは最近では社外のマーケッターから「会社の周囲にしっかりしたコミュニティーができている。コミュニティーブランドだ」と言われることが増えている。

例えば、こうしたブランドの代表として米国のオートバイメーカー、ハーレーダビッドソンは世界的に知られる。ハーレーでは顧客同士が知り合いになり、ツーリングに出かけることが「他社にはまねのできないコミュニティー」の象徴として語られることが多い。実は同じようなことがスノーピークでも日常的に起きている。SNSなどを通じて交流した顧客同士が全国各地で集まって、キャンプに出かけている。

コミュニティーの深化において、私には1つの仮説がある。それはアウトドアが社会の中で果たす新しい役割だ。

「向こう三軒両隣」という言葉があったように、かつては誰もが地域社会やコミュニティーごとにつながりを持って生活していた。しかし、最近ではこうした地域のコミュニティー意識がどんどん薄れている。また、家族を見ても、父親は平日はほぼ家にいないし、上曜日、日曜日は疲れて寝ていることが多く、家の中で存在感がなくなってきている。一方で、子供は受験勉強に追われたり、テレビゲームに多くの時間を使うなどしていて、家族のあり方も大きく変わってきている。

これに対して、例えばキャンプイベントのスノーピークウェイでは、集まった家族が3日間同じキャンプサイトですごすことになる。そんな中で「夕食のおかずを作りすぎたので、どうしようかしら」となれば、自然と隣のテントに差し入れるといった場面がよくある。すると、差し入れを受けた家族が今度は翌日の朝食のおかずから一品をお返しする。こうして、お互いに「感じがいいファミリーだなあ」と思うようになる。やがて子供同士が一緒に遊び始める。すると親同士もお酒を飲んだりしながら友達になる。こうしてどんどん友達が増えていく。

日本の地域コミュニティーでかつて起こっていたことがキャンプ場で再現されている。これこそがスノーピークが媒介になり、コミュニティーができていることの意義だと思う。東京からの参加者と大阪の参加者が静岡のスノーピークウェイで出会い、ずっと友達になる。そして、そのきっかけは、「スノーピークのファン」であること――。そんなつながりが次々に生まれ、コミュニティーが広がっている。そこから顧客にとって特別なブランドと認めてもらえるようになり、スノーピークの取り組みを「他人ごとではなくて、自分ごと」として考えてもらう。そしてそれがスノーピークの事業拡大にも結果的に結びついている。

ユーザー発でキャンプ文化を伝えていく

コミュニティーを持つ効果はそれだけではない。スノーピークから発信する以外の情報もキャンプ文化として伝わっていくことがある。

スノーピークのキャンプイベントでも週末のキャンプ場でも、ベテランのユーザーが初心者にアウトドアについての知識を教えている場面をよく目にする。これは会社としてお願いしたり呼びかけたりしているのではなく、顧客同士のつながりの中で自発的に生まれていることだ。こうした文化は、ユーザーの人生が豊かになることにつながる。

つまり、スノーピークの製品を使うことによってユーザー同士がつながり、友達が増えることによって、人生が輝きを増す。こうした広がりを生むために、ファンと会社の距離の近さは重要だ。

徹底解説

スノーピークウェイ

キャンプイベント「スノーピークウェイ」では太陽が沈み、真っ暗になったころ、参加者とスノーピークの山井社長や社員が焚火の周りに集まり語り合う「焚火トーク」が始まる。この日は会社の歩みを山井社長が自ら解説

期間中は写真をたくさん撮影。自然風景やイベント風景と同時にすべての参加者の記念写真も撮る

参加者はファミリー層が中心になっているが、夫婦や1人での参加者もいて、バラエティーに富む

スノーピークはこのキャッチコピーに「つかの間、人の心に野性を取り戻すこと」という思いを込めている

夜の焚火トークでは、参加するユーザーと一緒にお酒を飲みながら、製品について、アウトドアの楽しみ方についてじっくり話す

山井社長は参加者に呼ばれたら原則としてすべてのテントを訪問し、さらに深く語り合う

SUVによるオートキャンプを提唱して約25年。イベントでは一緒になってキャンプを楽しむ

スノーピークウェイ恒例の紙飛行機大会は大人も子供も一緒になって楽しめる。この日は遠くに飛ばすのでなく、狙った標的にどれだけ近づけるかを競った

Chapter 2

クリエーティブとものづくりの魂

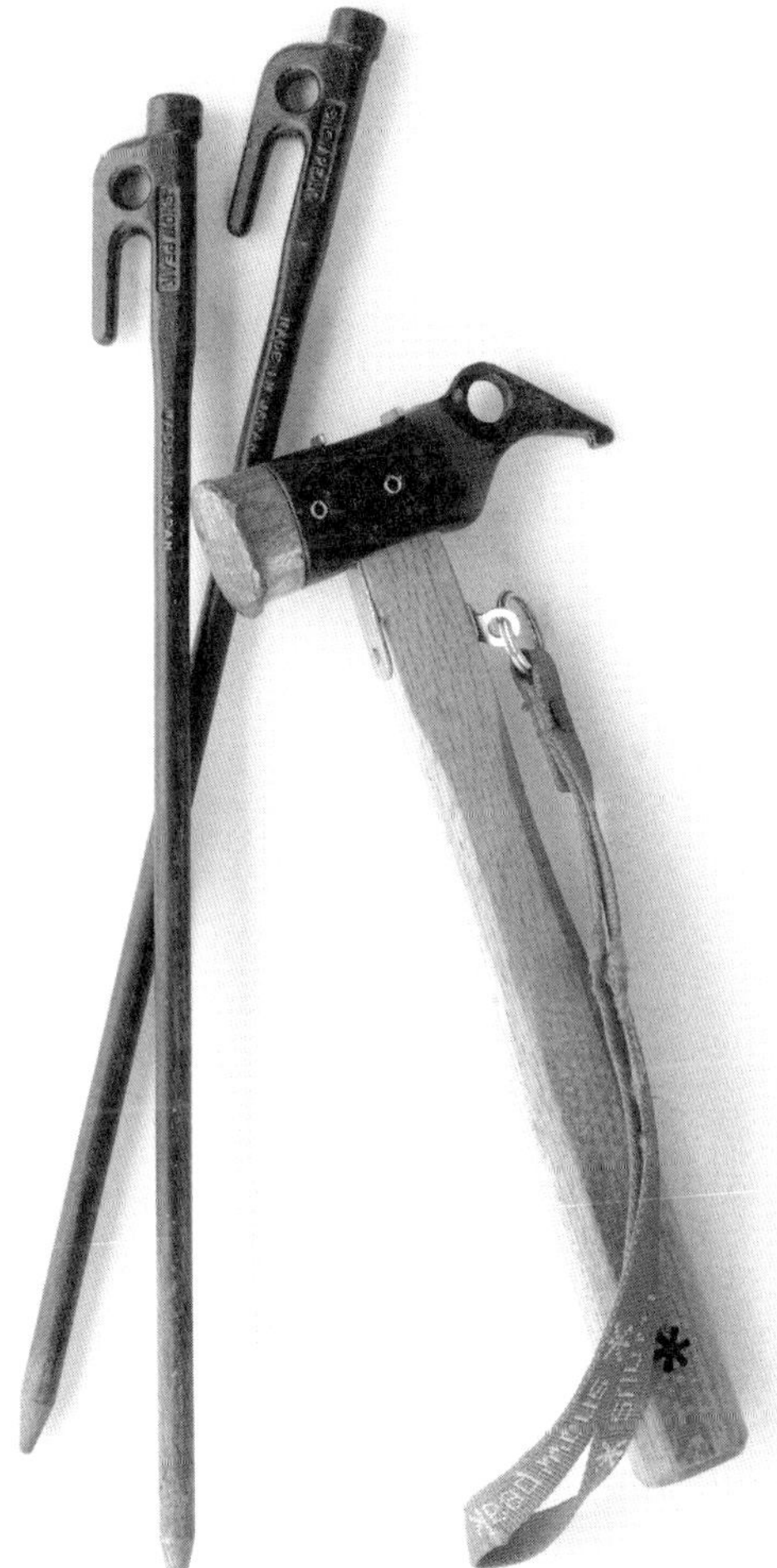

製品はすべて永久保証メーカーならば当然だ

スノーピークの製品には保証書がついていない。

これは製品の保証をしない、という意味ではない。正反対だ。保証期限を定めることなく、永久に製品の保証をしている。最初からそのつもりなので、わざわざ別に保証書をつける必要がない。

永久保証だと知ると「本当にそんなことができるのか」と驚く人がいる。だが、私からしたら、メーカーとしてそれだけ自社製品の品質に自信を持っているし、当然のことをしているだけだ。保証の対象にしているのは製造上の欠陥にまつわることで、例えば、スノーピーク製品のパーツが外れたら、製造上の欠陥になるから無料で取りつけ直す。

ただし素材には限界があるため、素材自体の摩擦や経年劣化などについてはこの保証の対象外にしている。永久保証に必要となる些少なコストは会計上、あらかじめサービス費として計上している。

宣言することで製品へのこだわりを分かりやすく伝える

永久保証の根本にあるのは、ミッション・ステートメントの「自らもユーザーであるという立場」で考える発想だ。スノーピークでは本当の意味でユーザー目線に立つことにこだわっている。

私がユーザーとしてアウトドア製品を使うとき、「嫌だな」と感じるケースは大きく分けて2つある。1つは製品が壊れること。もう1つは使い勝手が悪いこと。そして、ユーザー目線に立って「そんなものづくりはしない」と決めている。私はこの考えを顧客にしっかり伝えたいと思っているが、「強固に作っている」「革新的な製品だ」とどれだけ言っても、なかなか伝わらない。むしろ差異化するには「永久保証つきだ」と短い言葉で完結に表現したほうが顧客にとって分かりやすい。

テント用のペグを例に説明しよう。

ペグはテントのロープを地面に固定する杭だが、スノーピークの製品「ソリッドステーク」は他社の製品と比べると、鍛造によってずっと強靭に作ってある。従来のペグはアルミ製やプラスチック製であり、少し叩くとぐにゃっと曲がることがよくあった。十分には機能しない製品を皆で平気で売っていたわけだが、それしか市場にないため、ユーザーは仕方なく買っていた。

これに対して、スノーピークのソリッドステークの場合、アスファルトを貫通するほどの硬さがある。あまり硬すぎると折れるため、その直前のギリギリの硬さにしている。ただし、その分値段は高い。アルミ製のペグは1本50円ほどが多いが、ソリッドステークは300㎜の長さの製品で1本約400円だ。8倍高いにもかかわらず、10数年前に売り出したときから高い人気を集め、30万本を製造するヒットとなっている。おそらく世界で一番売れているハイエンドペグだろう。

こうしたスノーピークの生み出している価値を、永久保証をつけることによってさらに分かりやすく伝えていく。それがこの保証の狙いだ。「永久」という言葉にインパクトがあるかもしれないが、要するに壊れなくて使い勝手がいいことを保証しているわけで、ユーザーにとって常識的な内容だ。逆に言えば、これができない製品は一体何なのだろうか。

この点について、ある製造関連の雑誌の編集長から「家電メーカーも自動車メーカーもできないことをスノーピークはやっている」と指摘を受けたことがある。それでもどんな会社であっても、このくらいのことは本当はできるはずだ。にもかかわらず、保証期間を1年とか3年とかで制限しているのは、ものづくりに携わる立場からすると、誠実ではないと思う。

期限を決めているのはユーザーの立場に立たないまま、作り手側、メーカー側から「利益が損われるので、期限を切ります」と言っているのにすぎない。スノーピークはあくまでも「自らもユーザーであるという立場」で考えるミッション・ステートメントを貫きたい。こういう会社は少ないかもしれない。しかし、それならば、いっそうスノーピークはそこにこだわりたいと思う。

1点ずつテストしながら、快適基準寸法を作る

新入社員が開発を担当しても、永久保証がついているわけだから、最初からその前提での開発やテストが課せられる。こうして永久保証を全社員が意識するからこそ、製品のクオリティーが上がっていく。これは「だからこそいい製品だ」と胸を張って言えるようにすることでもある。そんな仕事をしていけば、ユーザーはいつか感動してくれる。

導入を決めたのは、今から約30年前にさかのぼる。「メーカーとしてのあり方を示した

冬は本社前でスノーモービルに
乗る。社長自らが先頭に立って
アウトドアをとことん楽しむ

い」と思った私は父の会社に入社した86年、すぐに「製品を永久保証にする」と宣言した。

後で聞くと、社員は「突然エイリアンみたいな息子が入ってきて、なんか言ってるぞ」と思ったらしい。それでも私は開発担当を兼務していたので諦めなかった。

ポイントになったのは製品の基準づくりだ。永久保証には当然、それを支える根拠がなければならない。アウトドアの製品は工業試験データだけで品質を作り込めるわけではない。フィールドで確実に機能する製品を開発するのに最も有効なのはフィールドテストである。例えば、キャンプ用のステンレス製の鍋の開発にあたって、鍋の厚みがどれくらいあればいいかが分かっていなかった。

そこで、私はおよそ考えられる厚みとして0・3㎜、0・4㎜、0・5㎜、0・8㎜、1・2㎜でそれぞれ鍋を作り、1点ずつ耐久性をテストした。そのとき重視したのは、あくまでも「アウトドアで使う」ことだ。鍋の場合、アウトドアで一番過酷な条件はキャンプの焚火であり、テストはすべて焚火を使って行った。その結果、直径150㎜以下の鍋では厚みが0・4㎜で十分耐久性があるが、それ以上のサイズになると0・5㎜の厚みがないともたないことが分かった。

実際にサンプルをつくって「仮説―検証」プロセスを何回も経て、必要なスペックを見極める。そんなシンプルなやりかたを繰り返した。こうして定めた基準は当時の業界の常識と比べると「オーバースペックだ」と言われることが多かった。このため、サンプルを作って販売店に持っていくと、担当者に「こんないい製品は要らない」と言われることもしばしばだった。それでも、スノーピークのスペック以下の製品は長く使えないことを意味する。あくまでユーザー目線に立って「壊れない」「使い勝手がよい」ことが条件のため、「これでなければずっと使えない」とこだわった。強度だけでなく、機能面でも試行錯誤を繰り返しながら基準づくりを進めた。例えば、テーブルの高さの場合、実際の使い方をできるだけ具体的に想定しながら「最も使いやすい高さ」を探していった。

基準づくりの作業は楽ではなかったが、一通り実施するとその分、経験を積み重ねられる。こうしてフィールドで快適にすごすための数値である「快適基準寸法」が次第に固まった。これに基づいて88年にオートキャンプ市場に参入した当初から永久保証をスタートした。今でもこのころの製品がアフターサービスに持ち込まれることがあり、私は当時のことを懐かしく思い出す。快適基準寸法はもちろん今もスノーピーク製品のすべての礎になっている。が、それだけではない。スノーピーク製品の評価が高まる中、競合他社はスノーピークの製品をコピーすることで同じ基準で製品を作るようになった。快適基準寸法はいつしかスノーピークだけのものでなくなり、業界のスタンダードになっていった。

その基準は絶えずチェックして、見つめ直している。スノーピークでは自社から見て落ち度がなくとも、ユーザーが「これはダメだ」と訴えた場合、不良品だとみなすことを原則にしている時期があった。ただし、もちろん明らかに使用に問題がある場合は、別だったのだが。

自社の定めた基準に合致しているならば、「不良品ではない」と突っぱねることはできたかもしれない。しかし、顧客はやはり本当のところではクレームを言いたくないはずだ。にもかかわらず、あえてクレームを伝えているのは、少なくとも製品が「顧客に不満足を与えている」からだ。ユーザーが使い勝手の悪さを訴える場合ならば、製品に値段分の価値がないことになる。だからこそ、クレームを受けた製品はあくまで改良されるべきだ、と私は考えていた。顧客に満足してもらうためには不良品として受け取った上で、改良したほうが「勝ち」だと思っていたからだ。それは世の中になかったモノをつくり、品質基準をつくり上げていくプロセスだったからでもある。十数年そんなことをした結果、現在は快適基準寸法をはじめとする品質基準ができ、それによって品質マネジメントしている。

80年代後半の一例。オートキャンプ市場に参入した直後、あるチェアに対して、ある販売店の店頭で顧客から「傾斜地で使ったら、後ろに倒れた」というクレームを受けたことがある。「そんな場所で使ったら、倒れても当たり前だ」と私も最初は思った。しかし、クレームになったのは、顧客の実感として「この程度の傾斜の場所ならば、アウトドア用のチェアが後ろに倒れてはいけない」という感覚があったからに違いない。だから、私は倒れたこと自体がとても悔しかった。そこで、フレームの形状を変更することによって、キャンプ場の通常の起伏ならば後ろに転ばないタイプのチェアを作った。ユーザー目線でものづくりをしていくと、ときにはその分工程が増えることも出てくるが、できるだけ顧客の声に耳を傾け、製品を磨いていきたい。工程が増えてしまうならば、全体を考え直し、例えばロボット化で全体のコストを下げることを考えていけばいい。

ブランドと呼ばれる会社は成長のプロセスで、顧客の期待以上の製品やサービスを作っている。そんな姿勢に感動した顧客が口コミで友人に紹介し、ブランド力がさらに高まる。これができなければブランドをつくることはできない。スノーピークは永久保証を宣言することでユーザーに使ってもらい、そこから「実際に使い勝手がいい」「今まで使っていたキャンプ用品よりも長持ちする」という感動を体感してもらう。そして「スノーピークの製品はすごくいい」と思いを広げてもらう。

燕三条の地場産業と驚きの開発体制を融合

ものづくりに対する基本的な考え方は理解してもらえただろうか。ここからさらにものづくりの手法について具体的に記していく。ものづくりは大きく開発と製造に分けることができるが、スノーピークの場合、製造の多くを信頼できる協力工場に任せている。一方、開発は100％自社で行う点に特徴がある。

まずは製造だ。スノーピークの本社は新潟県三条市にある。隣の燕市と合わせた燕三条のエリアには江戸時代から続く金属加工の伝統があり、地域全体がものづくりの町となっている。製造業に必要な人材やノウハウがそろっていて、どんな製品もこのエリアだけで作ることができる強みがある。

そんな環境で育ってきた私は子供のころから工作がとても好きだった。周囲には「町工場の親父」がたくさんいて、何十歳も年上の職人たちから様々なことを教えてもらってきた。地域の持っている強みを生かす方法はないか――。その時点ごとに最良と思われる方法を選び続けてきた。その結果、スノーピークは製造の大半を地元の協力工場に委ねる今の形態にたどり着いた。

地場産業の強さをアウトドアで世界に展開

ローカルからグローバルに展開することを「グローカル」と表現するが、スノーピークはアウトドアのライフスタイルをプラットホームにすることで地場産業の強みを世界中に展開している。その意味でグローカルな地域ブランド、「燕三条ブランド」だといえるだろう。

会社の歴史をひもとくと、製造を協力工場に任せられるのは父の代まで製造を自分たちで本格的に手がけ、社内にものづくりの魂が生きているからでもある。創業者である父は金物問屋に勤めて10年ほど働いてから独立。当初は流通業として始めたが、登山が好きだった父は自分が開発した登山用品を山仲間の鍛冶屋に作ってもらうことを契機に製造に踏み込んだ。やがて自社工場を建て、私がスノーピークに入社したときには、売上高の半分ほどにあたる製品を自社工場で作っていた。

製造ノウハウが社内に蓄積されているため、製造工程を踏まえた目線であらゆることを進められる強みがある。その強さを残していくため、ヒット商品「焚火台」は今も自社工場で製造する。

もちろん、父の代でも燕三条の強さを生かしていた。プレス加工などは自社で手がけていたものの、溶接などは周辺の工場に委託していた。私が地域を巻き込む視点はその延長線上にある。開発への集中を「思いきった決断」と評する人がいるかもしれない。だが、燕三条にはスノーピークが自社工場で製品を作るよりも、うまく安く作れる工場がたくさんある。一番の強みに経営資源を集中すべきだと考え、今の形になった。

私は96年に三条青年会議所の理事長を務めたが、協力工場の経営者にはそのときの先輩や後輩がたくさんいる。まちづくりにともに汗を流した仲間であり、お互いに気性もよく知っている。仕事に一生懸命に取り組み、優秀な技術を持つ工場の二代目、三代目だ。

父たちは戦後の動乱期をくぐり抜けた世代だった。その後継者は大学卒業者が多く、グローバルな視点でビジネスをロジカルに考える人が多い。しかも、同じ時代、場所に生きているのでお互いの気持ちをしっかり理解できる。彼らが協力工場のトップとなった今も年間何回かは飲み会を開き、スノーピークの考えを理解してもらっている。地縁は今も大切にしていて、現在は地場の約520社の会員を有する三条工業会で理事長を務めている。

地域社会に応分の負担をするためだ。

支払いに手形を切らないことにしているため、協力工場に対しては製品を仕入れた段階で月末払いのスケジュールで現金で代金を支払う。新製品のために高額な金型を起こすことも多いが、財務体質がしっかりしているため、すんなり決断できている。

テントなどの縫製品は中国で作っている。海外での製造にあたって大切なのがやはりスペックを作り込むことだ。

例えばテントに使うポリエステルやナイロンの生地について、スノーピークでは布の1インチ四方あたりの縦糸と横糸の打ち込み本数などを明確に定めて強度や耐水圧などのスペックを高めている。撥水についても「5回洗濯した後、社内基準で95点以下となる生地は返品」といった基準を明確に定めている。その上に、実際にアウトドアで使いながらテストし、どの程度の生地だとどれだけの風力に耐えられるのかをチェックしてきた。もちろん、テント用のロープや自在、ポール、ペグなどについても生地に見合った形でスペックを定めている。これだけトータルクオリティーの高いテントは世界中のアウトドアメーカーでスノーピークだけだ、と自負している。

その上で工場をしっかり選び、出荷前検品と入荷検品を抜き打ちで行う。このため、海外の工場と品質面でトラブルになったことはあまりない。

同じ担当者が企画からデザイン、量産までを担当

次にものづくりの開発について説明しよう。

私はスノーピークの最大の強みは開発力にあると思っている。デザインやブランディングを含めたクリエーティブが得意な会社だ。製品開発を担当する社員は10人ほどで、平均年齢は約35歳となっている。開発は100%自社で行っているが、これだけならばスノーピークと同規模の会社でもそれほど珍しくないだろう。

違うのは開発のプロセスだ。スノーピークでは1つの製品については、最初の企画段階からデザイン、協力工場と連携しての製造ラインにのせるまでを1人の開発担当者が一貫して手がけている。開発部門の一人ひとりがプロダクトマネジャーを務めていると考えてもらうと分かりやすいかもしれない。エンジニアも、デザイナーも担当者が兼務し、最後まで全面的にかかわっていく。この製品は誰が作ったかが明確なのだ。

これにはアウトドアならではの理由がある。アウトドアの製品は機能とデザインが表裏一体になっていなければユーザーの評価を得ることができない。そこで、最後まで一人が

本社の中庭には製品テストを行うスペースがある。様々な条件で性能を厳しくテストする

責任を持って作ることによって、開発者が「自分自身も絶対にこの製品がほしい」というところまで品質を引き上げる必要がある。そのためにはすべての工程を同じ担当者が見るのが一番であり、あえて分業制にしていない。スノーピークの製品はハイエンドなので、この方法でなければ価格帯に見合った開発が不可能だ。

このため、大企業の開発担当者やデザイナーとは求めている役割が根本的に違う。

大企業では製品が市場に出るまでを同じ担当者が手がけることはなく、それぞれの担当者が工程ごとに役割を分業している。これに対して、スノーピークにおける開発とは、単純に「新製品の企画を決めることだけ」や「スケッチを描くことだけ」を指すのではない。すべてを1人で手がけるので、総合的な開発力が求められる。大企業に比べると、何でもできて楽しいが、その分やるべき仕事は多い。

デザインがいくらよくても、機能性を落としてデザインを優先することはない以上、スケッチが描けるだけの人はスノーピークの製品開発には不要だ。逆に、技術だけしか分からない人も要らない。もちろん、アウトドアに興味のない人を採用することもない。デザイン、技術、アウトドア好きという三拍子そろっていることが開発に求められる。最初はできなくても入社してからこの条件に合致しそうな学生を採用して鍛えている。

こうした手法を採用できるのは、製品ごとの部品点数がそれほど多くないからでもある。例えば自動車のように1台で2万点ものパーツのある製品では、すべてを1人の担当者が見ていくのは合理的ではないだろう。アウトドア製品の場合、金属と布地、プラスチックも分からなければならないが、それでもパーツ数は限られているので何とかなっている。

地場産業が開発力を磨く原動力になる

新たに開発担当として入社する社員は美術大学や大学の芸術系学部でプロダクトデザインを学んでくる人が多い。しかも、アウトドアが好きで自分の好きな製品を作りたいという人だ。このため、デザイナーとしての素質は入社したときからある程度は持っている上に、アウトドア製品に対するユーザーとしての感覚も最初から身についている。足りないのは製造技術にまつわる部分であり、これは入社してから身につけなければならない。ただ、開発担当者を育てる面でも、燕三条に本社があることが役立っている。

製品開発は会社の机上だけで進むわけではない。担当者は製造を担う協力工場に自分で電話し、試作のために何度も足を運ぶ。デザインを学んできた人も、職人の製造技術をみっちり学ぶ。すると例えば厚み1・2㎜のステンレス板を曲げるのに必要なアールの寸法などが体で分かってくる。

自分が作りたいパーツが10あるとしたら、パーツごとに10社を訪問しなければならないこともある。ただし、パーツを1つ作るたびにノウハウを蓄積していき、以前作ったパーツと似たものを作るときには最初と比べようもないほどスムーズに作業が進む。すべてのパーツを別な工場に発注するとさすがに効率が悪いため、最近ではいくつかの協力工場をハブ化し、協力工場経由でさらに小さな工場に発注するケースも増えている。それでも、一連の流れを身につけるには時間がかかる。

プロダクトマネジャーとして原価管理などを担う必要もある。製品に見合った価格にするには協力会社との交渉も重要になってくる。入社して1年目、2年目の場合にはこのあたりが特に難しい。上司のチェックミスも重なり、原価計算からパーツ1つ分が抜けていたため、当初の企画と比べて利益率が落ちたケースもあった。

開発担当者が一人前になるには最低でも3年はかかる。1人の開発スタッフの中にユーザー感覚、デザイン力、製造にまつわる管理の3つが備わっていないと、スノーピークでは製品開発をこなせないからだ。

月1回のクリエーティブレビューは真剣勝負

開発のスケジュールは2年先を見ながら行う。2年後の新製品30～50アイテムについて、開発担当者は毎年9月にリスト案を作成する。

ただし、担当者が「自分がほしい製品」を作ろうとするあまり、それが行きすぎてリストアップした製品ジャンルなどに偏りが大きいケースが出てくる。このため、私はリスト案作りの段階からかかわるようにしている。「今のユーザーの声から、こういうカテゴリーの製品をもう少し増やさないといけない」「来年の状況を予測したとき、新しいライフスタイルを実現するには、こういう製品が必要ではないか」といった点から指摘しながら製品プランを練る。こうして年末までに詳しいリストが完成する。担当者の「作りたい」というエントリーのうち、最終的に製品になるのは3割ほどだろうか。

年が明けると製品ごとにコンセプトをさらに固める。それに合わせて試作を進めていくが、スノーピークでは開発の進捗状況を月1回の「クリエーティブレビュー」で確認している。担当者が自分の製品をプレゼンテーションする。私が1品ずつレビューすると同時に、他のスタッフも発言し、複数の目でブラッシュアップしていく。

製造業の社長である以上、最終的にダメな製品がスノーピークのマークをつけて世の中に出ることは絶対に阻止しなければならない。それができなければ、ブランドの価値が毀損してしまうからだ。

私自身、クリエーティブレビューには真剣そのものの厳しい態度で臨む。レビューで最大のカベになるのは私で、気づいたことはどんどん伝える。ユーザーの代表としてレビューした結果、「このサンプルには全く感動しないし、ほしくもない」となることもある。判断のポイントをあえて説明すれば、「使った瞬間にユーザーの想像を超えた品質、使い勝手を感じていただけるかどうか」となる。製品のコンセプトや品質が徹底的に問われる。

会議は2時間ほどで、製品ごとにじっくり話すケースが多いが、ダメな製品は「今までの製品とどう違うのか」とシンプルな質問を投げかけ、即不採用になる。開発が行き詰まりそうなときには、「どうしたらいいのか」について、自分もレビューアーとして代案を出すことを心がけている。

そして、最終的に製品として出すかどうかというときの私の質問は決まっている。それは「あなたは本当に買うのか」「あなたは本当にこの製品がほしいのか」だ。自分の身銭を切って買うのかと聞かれたときに、「いやあ…」となるようでは、メーカーとして不誠実であ

本社はオフィスチェア、バランスボールなどから、仕事がしやすいものを各自が自由に選ぶ

る。自分のお金を出して、買わない製品は作ってはいけない。逆に言えば発売したのは自分のほしい製品だけだ。実際、私はスノーピークの製品を今まで少なくとも1000万円くらいは自分でユーザーとして買っている。

レビューの具体例を示そう。

「ソリッドステートランタン　ほおずき」は音や風に反応してロウソクの炎がゆらぐようにLED照明の光がまたたくユニークな製品だ。スノーピークにとって初めての電化製品だったものの、ハイテックなデザインであり、プラスチックとシリコンでできているため、他の製品とのテイストの違いが目立った。しかも、レビューの最初の段階では風に揺れる仕様ではなかった。

このため、私はレビューの場で「スノーピークのラインアップの中で浮いて見えるから、キャンプのフィールドで使いたくない」と指摘した。すると、開発担当者は素直に「では、どうしたらいいのか」と聞いてきた。

そこで私は「風が吹いたら灯りが揺れるようにしたりすれば、自然とシンクロするのではないだろうか」とアイデアを出した。それがきっかけとなり、キャンドルモードを付け加えることによって今の形ができ上がった。販売価格はレビュー前の想定より2000円高くなったもののユーザーからの評価は高く、累計の販売個数が3万個以上のヒット商品になっている。

社長自ら試作品をテストしながら開発

アウトドアの製品は工業的な試験だけでは分からないことがたくさんある。このため、レビューの場だけで製品化を判断し切れないことがある。そんなときには私自身やフィールドインストラクターなどのシビアなテスト担当者たちが試作品をフィールドに持ち込んでテストを行う。例えばテントの場合、強風が吹いたときにキャンプ場で風にあおられる姿をユーザー目線でチェックしなければゴーサインを出さない。

レビューによる様々な改良を経て、7月の展示会までに製品サンプルを作り上げる。ただし、ここからも必要に応じて随時、改良を続けて製品として仕上げていく。最終的に11月末に製品を完成させ、12月から店頭に新シーズンモデルとして並べる。7月から11月は次シーズンの製品の最終調整をしながら、その2年先に向けたリスト作りも進める。この時期は、開発担当者は特に忙しい。

付加価値を高めるためのキーワードは正当性

私は現在は社長であり、開発を直接担当していない。しかし、86年に入社してから2000年くらいまでは開発を直接、全面的にみていた。

私が入ったころ、世の中には9800円と1万9800円のテントしかなかった。しかし、ユーザー目線で製品開発を進め、16万8000円のテントを開発。それがスノーピークにとってのアウトドアの原点になっている。はじめに売価のターゲットありきではなく、「ハイエンドなアウトドアコンシューマーが年間50回、5年ほどは使えるような耐久性を備えた、本当に使い勝手のよい製品を作ろう」と考えた結果だった。スノーピークにとって製品開発とはそれくらい革新的でなければならない。逆に言えば、コンセプトが斬新で、本当にそれまでにない製品ならばとりあえず発売してみようという面がある。つまり、本当にほしい製品を作ることを優先している。

アップルとの共通点

担当者は「世界初」や「一番小さい」といった製品にどんどん挑戦している。スノーピークの製品は他社と比べると2〜5倍ほど高いことが多いものの、ずばぬけた製品を開発する力では世界中にライバルがいない、と自負している。

もちろんずっと経営が順風満帆だったわけではない。それでも付加価値を高めることにこだわり、一点突破を狙っていけば企業は成長できる。だから、低価格の製品を作ろうかどうか、と迷ったことは一度もない。他社の製品がいくらで売っているかはチェックしているが、安い製品にはそれだけの価値しかないと確信している。だいたい私はそんな製品をほしくないし、ダメな製品を作ったらスノーピークではなくなる。

製品には機能的な価値と、製品自体を支える精神的な価値がある。製品の機能的価値が価格以上であることに加え、最近では会社の姿勢、ポリシー、フィロソフィーといった精神性で選ぶユーザーが増えている。これは「正当性」「オーソドキシー」と言い換えることができるかもしれない。

世界中でアップルが尊敬されている理由もこうした点にある。

私は長年のアップルユーザーであり、その製品には大いに刺激を受けてきた。そして、スノーピークもアップルのような会社でありたいとずっと思ってきた。それだけに先日、アップルの社員の方々が燕三条の本社に見学にやってきたときは、とてもうれしかった。開発の方法を含めて色々な話をしたが、想像していた通り似ているところが多く、自分がこれまでやってきたことが間違っていなかったと思った。

他社が右に進んだら、あえて左に進む勇気を持つ

この本を読んでいる人の中には「スノーピークと同じように、ものづくりによって差異化し、ブランドづくりを進めたい」と考える人がいるかもしれない。

ものづくりは資源を使う以上、せっかく作るのならば、今までにない製品を作ったほうがいい。スノーピークは先例があったり、他社が作ったりしている製品は、同じことの繰り返しで資源の無駄遣いであると考え、取り組まない。

しかも、競合のいる製品は陳腐化し、コモディティーになる。そこから導き出せるのは価格競争しかない。ユーザーにとっては安く買えるようになるかもしれないが、それはスノーピークが果たすべき役割ではないと思っている。むしろ、私は作り手として多様な価

値観や製品の選択肢をユーザーに与えたい。他社が右に進んだら、あえて左に進む。そんな思考回路の会社でありたい。「勇気がある」と言われることもあるが、スノーピークができるのであれば、どこの会社にもできることだ。

それまでにない製品を開発することは、一方で他社に追随されることでもある。コピー製品を作る会社に対してはもちろん厳正に対処してきた。それでも、少し前までは類似品を作る会社のほうが売上高が大きければ、広告をたくさん出してオリジナルのように見せることもできた。このため、お客様が誤解して受け取ることがたくさんあった。

しかし、今の時代はテレビや新聞といった大手メディアだけが発信源ではない。もちろん一定の力を持っているが、一般的な消費者が何を一番信用するかといえば、ほかの消費者がどう考えているかだ。最初にすることはグーグルやヤフーでのインターネットの検索だ。フェイスブックなどのSNSやブログなどを通して、多数のユーザーから実感を込めた情報が発信されている。消費者の実感でモノが売れていく時代であり、「誰が一番最初に作ったのか」も、かつてないほど大切になっている。

顧客はしっかりした製品を作るのか、それともコピーを作るのかをきちんと認識している。その上で、「しっかりした製品を作っている会社」「オリジナルの製品を作る会社」を評価する。スノーピークの姿勢にシンパシーを感じてもらえるケースが圧倒的に増えている。オリジナル、開発にこだわる会社にとっては、とてもよい時代になった。

それだけに、ものづくり企業の経営者は決意を持って開発に臨まなければならない。テント用のペグでは、スノーピークの作る、アスファルトをも貫く硬さの「ソリッドステーク」がヒットしている。ただし、ペグは構造がシンプルであり、本来ならば差異化が難しい製品だ。もし最初から他社にいい製品があったならば、スノーピークがわざわざ取り組むことはなかっただろう。あくまでも、いい製品がなかったから製造に乗り出し、それに見合った価格で販売している。

「スノーピークらしさ」はなぜ生まれるか

スノーピークではテントから燃焼器具、アパレルなど、製品のカテゴリーの間口がとても広い。

製品を貫くのはユーザー視点であり、さらに言えばハード的なクオリティーの高さ、ソフトとして豊かな時間がすごせるデザインや質感になる。五感をフル活用しながら、ハードとソフトのバランスを図っている。

オフィス内の打ち合わせコーナーのイスとテーブルはともにアウトドア製品を活用している

色々な種類の製品を開発しているにもかかわらず、そこには「スノーピークらしさ」があるといわれる。このため、「どうしてなのか」「どうやって統一感を出しているのか」とあるデザイン雑誌の取材で問われたことがある。これはやはり、私が実際に開発を手がけていたことが大きいと思う。

今の開発担当者は、そもそもかつて私が作った製品を見て、触れて、惚れて入社している。つまり、経営者の私が作った製品のユーザーだった人であり、初めからデザイン面でのトーン・アンド・マナー、あるいは会社の目指す方向を理解している。そのため、あまりこうした面での教育を追加しなくてもいい。後は実際に仕事をする中で、スノーピークらしさについてのスキルが蓄積されていく。

開発を他のスタッフに委ねている現状においては、私には「スノーピークらしさ」のレベルを維持するだけでなく、さらに高めていく役割があると思っている。

「自然指向のライフスタイルを提案し実現する」というミッション・ステートメントの実現に向けて、自然と人間をつなぐ豊かな人生、贅沢な人生という視点から考えていく。そのためには、あらゆる豊かなものを自分で実際に体験することも大切だ。例えば、宿泊のライバルという意味では「世界の一流ホテルのスイートルームがどうなっているのか」ということを、きちんと知っていなければならないし、いい製品を作るためには他業界のいい製品も知っていなければならない。スノーピークは大企業ではないが、経営者である私が一番多く「お金」を使える立場にある。私自身の体験が実際に製品のグレードを上げるし、それが付加価値を高めることにつながる。

地場産業への2つの思いが原動力になった

思い起こせば、ものづくりの付加価値を高めるために何をすべきかをずっと考えていた。私は燕三条で生まれ育ち、18歳まで野球に打ち込む日々をすごした。大学進学を契機に東京に出て、卒業後は時計などのブランド品を扱う外資系商社で4年半働いた。

合わせて8年半を東京ですごしてから、26歳で燕三条に戻り父の会社に入った。このときに感じたのは、伝統のある地場の製造業の付加価値の低さだった。日本の人件費は高く、当時でも世界最高水準の人件費を払っていた。にもかかわらず、安価な製品を作って、安売りのホームセンターなどに納入していた。合理的な思考を重視する私は、率直に言ってそんな状況に違和感を覚えた。

「これは間違っている。高い人件費を払っているのだから、その分高い製品や売れる仕組みづくりに取り組まなければならない。高くてもよいモノを買ってくれる人に向けた製品を作るべきだ」と考えた。

一方で、燕三条がポテンシャルの高いものづくりの町であり、多様な技術があって、作りたい製品には何でも対応できることを改めて知り胸が熱くなった。地域の現状に対するネガティブな視点と、潜在力に対するポジティブな視点の両方が交錯した。

そんな中で、正当な評価をしてもらえるマーケットに、モノの価値が理解できて高く買ってくれる人に向けてビジネスを展開しなければならない、と思った。そのために徹底的にこだわり、自分が本当にほしい製品を作ろうと決意した。こうしてクリエーティビティー、永久保証、革新的なプロダクトといったキーワードにたどり着いていった。

燕三条に住んでいる私は、地域でビジネスを展開する経営者として、地元を元気にしたいと願っている。だから地域貢献について、これからも応分の負担はしていきたい。仕事以外に時間とお金を使うことになるが、それによって私自身も会社も成長するはずだ。もちろんスノーピークが世界で評価、尊敬される会社になることが三条市や燕三条地域にとって一番まっとうな貢献になる。ブランディングやストア展開などの点で、それまで地域になかったタイプの会社でもあり、若い経営者の刺激になればいいな、と考えている。

室内で炭火を使える！ 驚きのテントを開発

既存の何かを打ち破ったとき、誰もが「すごい」と思う瞬間がある。スノーピークではそんな製品を開発し、1つでも多く世に出したい。

例えば、最近発売した「ラウンジシェル」はテント内に炭火スペースを世界で初めて設けた。囲炉裏のようにみんなで炭火を囲んで、食を楽しむ、会話を楽しむ、自然を楽しむという、今まで体感したことのないコミュニケーションを生む画期的なシェルターだ。

アウトドアの業界では、一酸化炭素中毒の危険があるためにテントの中で炭火を使うことがずっとタブーになっていた。これに対してラウンジシェルではテント内でバーベキューまでできる仕様となっている。こうしたことに挑むのは、世界中のアウトドアメーカーでもスノーピークだけだろう。

製品化するまでは様々な実証実験を実施してきた。テント内の一酸化炭素濃度の管理には厚生労働省が定めた職場環境の基準の項目を目安にしている。安全性を徹底するために、マニュアルに従った講習を受けたユーザーだけが使用できるという制限を設けた。

画期的な製品を開発したとき難しいのは、「すごい」からと言って、その製品がすぐに売れるとは限らないことだ。ラウンジシェルの場合はサイズが大きいため、「職場の10人で宴会をする」「3家族で楽しむ」など、これまでのテントと違った使い方になる。まだアウトドアファンに馴染みが薄い面があるようだ。

スノーピークには同じように「コンセプトはすごくいいが、まだ売れていない製品」がある。それでも売れないからといって、すぐに廃番にすることはない。こうした製品は3年くらい後になってから売れ始めることが多い。発売時期と売れる時期にタイムラグが発生するのは、スノーピークの製品が社会にフィットするスピードよりも少し早く世に出ているからだ。私は年間何十日もキャンプをしており、社員にもヘビーなアウトドアの愛好者が多い。このため、アウトドア用品の今後について気づくのが「早すぎる」ということが起こりやすい。顧客にとっては発売しても当初は「製品の意味が分からない」状況が生じる。それが時間の経過とともに、理解が広がり売れるようになる。

新しい価値観の製品を作る以上、売れるまでに時間がかかる。市場創造型の会社であり、タイムラグが生じるのはある意味で宿命だ。マーケティングの観点から考えれば、売れている製品でそろえるために、売れない製品を入れ替えるべきだとなるだろうが、スノーピークではいつか売れる可能性のある製品はあえて残しておく。こうした開発ができるのは、

キャンプにはペット連れでやってくる人も多い。ペット目線でスノーピークの世界を楽しむ

他の製品が売れているからであり、同時に在庫に耐えられるだけのファイナンス能力をこれまで築いてきたからでもある。

ロングセラーとなっている「焚火台」も、96年の発売当初は全然売れなかった製品だ。販売を開始した当時、自然保護運動の流れの中にどこかヒステリックな部分があり、「自然保護のためには焚火なんてもってのほかだ」というムードが強かった。私はアウトドア愛好者として「焚火ができないキャンプなんて、楽しみの半分がなくなる」という危機感を持ち、「ヒステリックな声に対しても応えられるような焚火のソリューションを作ろう」と思った。完成した製品は4枚の金属板を連結した中で薪を燃やすことで、地面を焦がすことなく焚火ができる。最初は理解されず売れなかったが、それでもカタログに載せ、店頭での紹介を続けたことにより2年目、3年目に売れ始め、いまだに売れ続けている。

ただし「早すぎる」状況は以前よりもだいぶ緩和されている。一昔前は3年どころか、一般のユーザーがほしくなるよりも「5年早い」製品を発売することもあった。タイムラグが減ったのは、イベントのスノーピークウェイなどを通して、「顧客はこの製品を今ならば受け入れてくれる」というタイミングが我々の肌感覚で分かるようになってきたからだ。

自動車メーカーの申し出を断った

今後の製品開発を考えたとき、異業種と組むことも考えている。スノーピークは真にオリジナルのものだけを作り出そうとしているが、そのためには社内だけでなく、同じ発想の会社と触れ合うことでお互いがインスパイアされ、新しいものが生まれるはずだ。だからといって名前を貸すだけのことはしない。これまでも例えば、自動車メーカーから「スノーピーク仕様のアウトドア車を出したい」という要望を受けたことがあった。だが詳しく話を聞いてみると、カーメーカーの目的はあくまでスノーピークのロゴマークを入れることであり、自動車作りとは無縁の中身だった。このため、我々はこの申し出を断った。

スノーピークのロゴマークが入るならば、スノーピークの考え方がきちんと込められていなければならない。誰かが作った製品にロゴマークだけを入れるのはスノーピークのビジネスではない。私は他者が定めた狭いところで生きていくのはとても嫌いである。また社員もその意識が強い。コラボレーションしやすいのは、業界において異端児的な会社かもしれない。そのほうが誰もできないことを実現していることが多いからだ。パートナー企業には自社なりのエクセレンス、クリエーティビティーが必須になるだろう。

徹底解説

ロングセラー「焚火台」

環境にこだわり変更

発売当初、溶接後の焼き跡を取り除くため社外の工場に運び、化学薬品で洗っていた。しかし、環境面に配慮して、ガスの吹き付け方を工夫し、この工程なしで溶接できるようになった

穴の位置

金属板の穴の位置は燃焼効率向上のためには重要度が高い。何度も実証実験を繰り返しながら最適の位置を決めていった

シンプル・イズ・ベスト

平たいプレートとパイプを組み合わせたシンプルな構造が特徴。焚火の強い火力による熱変形にも耐えられるスペックを採用している

とにかく頑丈な構造

金属板の厚さは1.5mmを採用している。非常に頑丈にできていて、ユーザーからのクレームなどはほとんどない

逆ピラミッド型

どんな構造がいいのかを、当時の開発陣は折り紙を使ってあれこれ形を作りながら考えた。デザインにもこだわり、1年がかりで完成にこぎつけた

ポータブル

他メーカーでは組み立てが必要な製品が多いが、スノーピークの焚火台はワンタッチで折り畳みができるため、とても便利

材料となる金属板。「半永久的に使える厚みを確保する」ことを基準にスペックを決めた

ひし形の金属板1枚につき三角形のパネル2枚ずつを切り出す。1台の焚火台に4枚を使う

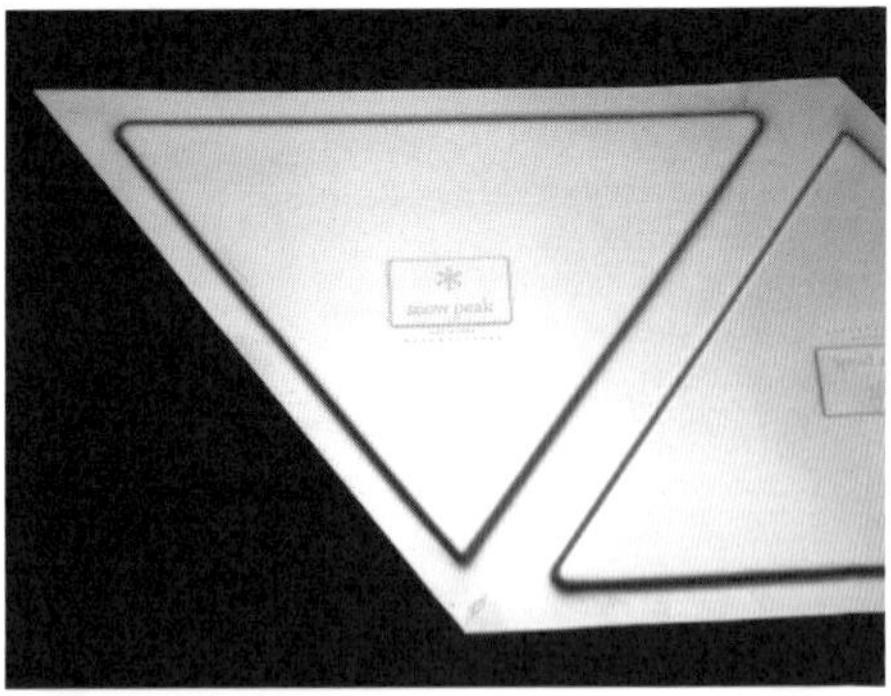

三角形のパネルをパイプに溶接したものを4組作り、それを組み合わせる

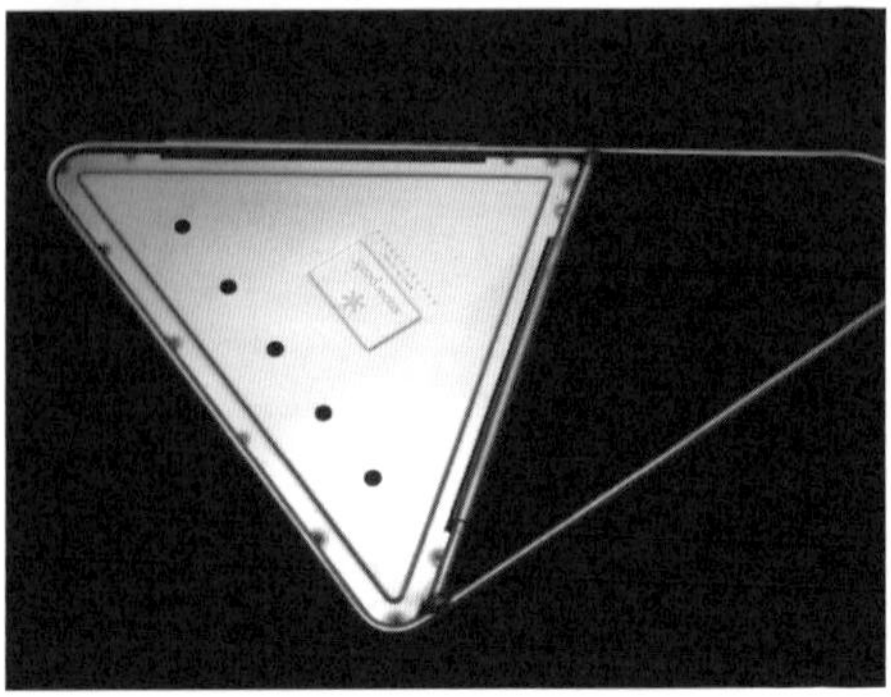

金属の地色を生かしている。パネルにはスノーピークのロゴを記す

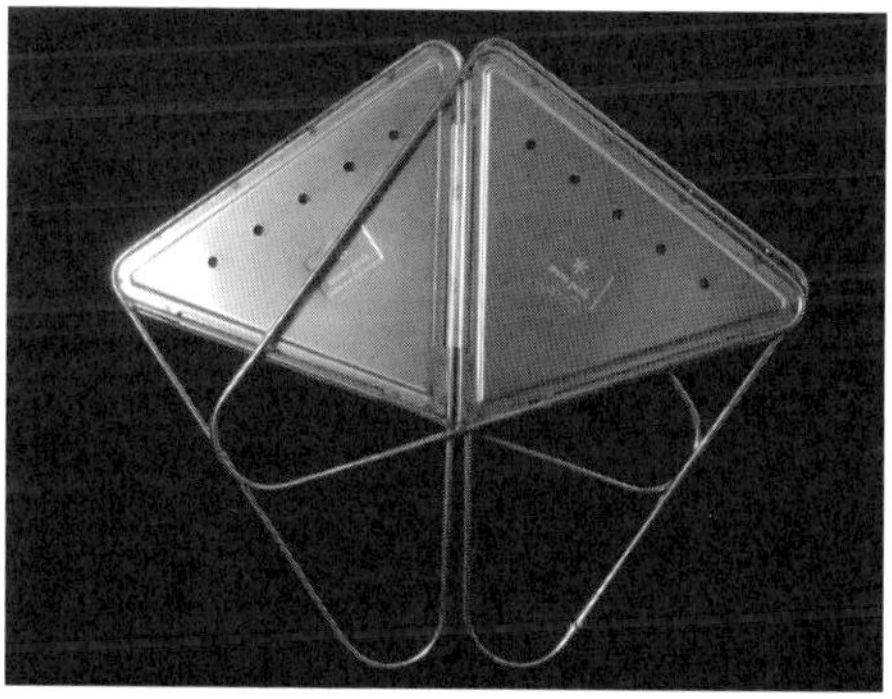

折り畳んだ状態。薄い収納スタイルのため、手軽に専用バッグに入れて持ち運ぶこともできる

オプションも充実。炭床と組み合わせることによって通気性を上げ、炭火の燃焼効率を高める。ダッチオーブンの使用時でも便利

本社工場で製造。製造風景は見学フロアから見ることができる

キャンプイベント「スノーピークウェイ」では焚火台を囲んでユーザーと山井社長、社員がじっくり語り合う

「焚火台」は1996年の発売開始以来、ロングセラーとなっている。キャンプの楽しみの1つが焚火だが、直火では地面に焼けた後が残ることがある。この製品を使うと自然環境に配慮しながら焚火ができる。シンプルな構造ながら機能面にも様々な工夫が施されていて、「アウトドアライフスタイルクリエーター」を掲げるスノーピークを象徴する製品となっている

Chapter 3

販売は科学 仕組みをつくる

値引きしないで時間をかけても正価で売る

スノーピークは製品の自社販売にあたって原則として値引きをしない。カタログの撮影などで使ったテントなどを年数回のイベントでアウトレットとして売ることや初売りのときの福袋などはあるが、あくまでも例外にすぎない。あらかじめ定めた販売価格を貫いている。現在取り扱っている製品は500アイテムほどあり、中にはなかなか売れない製品もあるが、時間をかけて正価で販売する。

こうした手法を維持できる理由の1つは、やはりロングセラーがたくさんあることだ。スノーピークのビジネスは年齢別人口構成などの構造変化に左右される面はある。しかし、景気動向にはあまり関係がない。このため、不景気の中でも成長してきた。アウトドアには色々なブームがあるし、その一分野であるキャンプ用品についても時代によって流行があるが、それでもスノーピークの製品はコンペティターに比べて販売できる期間が長い製品が多い。

強い財務体質があるため、売り急がない

アウトドア市場に参入したのは88年だが、このときに第1弾として発売した製品の中には20数年間ずっと販売し続けているものがいくつもある。開発に手間と時間をかけている分だけ製品に自信を持っている。あるシーズンに出した製品があまり売れなかったとしても、すぐに廃番にすることはないし、そのシーズンで無理に売り切ろうという意識もない。それだけに例えば、100個作ったけれど50個しか売れなかったとき、「うまくいかない」と嘆く人がいるが、私は違う。「このペースならば、2年ですべて売れる」と捉え、在庫として持ちながら売れるタイミングを待つ。

「それでは在庫管理が大変なのではないか」と思われがちだが、アウトドアの業界はそもそも年1回の展示会を中心に動いている。注文はこのタイミングに集中するため、需要の予測はそれほど難しいわけではない。スノーピークの場合、展示会を毎年7月に開き、販売のシミュレーションを繰り返しながら予測の精度を高めてきた。このため、生産計画に大きなずれは生じない。また、保管コストについては、自前の倉庫を持ち自社で運営して

いるので、在庫が多少増えてもそれほどコスト増にならない。

こうした販売が可能なのは、無借金経営という企業文化が根づいていることが大きい、ともいえる。スノーピークは私が社長になって以来、最近まで無借金経営を続けてきた。現在は本社の建設のために銀行から借り入れをしているが、もともと財務体質が強いために、在庫を持つことや開発投資にそれほど恐怖感がない。

例えば、オートキャンプのブームのときは93年が売り上げのピークであり、ブームが去った94年には売上高が10％ほど下落した。成長が継続すると予想していたため、事業計画との間にはギャップが20％も発生したが、資金を蓄えて強い財務体質を築いていたことで乗り切った。苦しくなる前から利益にこだわっていたからこそ、慌てる必要がなかった。

私は何事も「美しい」ことがとても好きなので、バランスシートにおいても美しさにこだわっている。これまでの決算で一番「美しかった」のが、総資本が15億8000万円で自己資本が15億円だったときだ。負債は1カ月分の買掛金だけであり、支払手形も切っていなければ、借入金もなかった。今はかなりの借入金があるが、それでも資金のバランスをいつも意識している。

つまり、これだけ財務体質がしっかりしていたため、無理な販売をするという企業文化がない。だから、「どれだけ待っても当初の見込みほどマーケットが広がらない」ケースがあったとしても、その製品を半額で売ったりすることはめったにない。そんなことをしたら、時間をかけてつくってきたブランドの価値や意味が変わってしまう。

例えば極端な話、長期間にわたって滞留している在庫が3000万円分あったとき、それを割り引いて原価で売ったとする。すると確かにキャッシュは3000万円回収できるかもしれないが、ブランドイメージが損なわれるため、私は失うもののほうが大きいと思う。そこまで滞留している在庫が発生したら、スノーピークでは値引きして販売するよりも、環境に十分配慮しながら製品をいったん廃棄することを選ぶだろう。売れないのはあくまでユーザーに「製品自体に価値がない」とみなされたからでもある以上、無理に売ろうとは思わない。

社員による販売で坪当たり売上高が2・5倍にアップ

ここからさらに具体的なビジネスモデルについて説明しよう。

スノーピーク製品の販売ルートはすべてのアイテムを扱い、スノーピークの社員がスタッフとして常駐する「スノーピークストア」、スノーピークが認定する「スノーピークマイスター」がいて多くの製品を扱う「ショップインショップ」、主力商品のみ扱う「フラッグシップショップ」などに分かれている。いずれも問屋を介さない直接取引だ。このうち、中心になるのが全国に約60店ある「スノーピークストア」で、売上高の8割を占めている。

このスノーピークストアにはスノーピーク自体が手がける5カ所の直営店と、取引先にあるインストアの2つのパターンがある。

インストアではアウトドア専門店や大型スポーツ量販店に20~30坪の専用の売り場を開設してもらいスノーピークが運営する。スノーピークストアの売り上げで見た場合、ざっくりいうと直営店が2割で、インストアが8割を占める。

スノーピークストアでは、直営かインストアかにかかわらず、スノーピークの社員が店長として店舗に張りついている点に特徴がある。インストアでは売上高は取引先に計上することになるが、スノーピークの社員が販売する点においては直営店と違いがない。アウトドアの小売りは一般的にはアルバイトが多い業種だが、スノーピークストアでは社員にこだわっている。

直営店は規模が大きいためシフトを考慮して社員2、3人に加えて準社員やアルバイトがいるが、あくまでもイレギュラーだ。インストアの場合は社員1人を配属して、その社

ストレッチマシンをオフィスに設置。社員は勤務時間中も毎日30分間、自由に使うことができる

員が店長を務める。

社員による販売を実施するとその分だけ社員数が増え、会社としては人件費負担は大きくなる。そこで、このところ多くの企業では人件費を抑えるために正社員を増やさない流れが続いてきた。

スノーピークストアでは社員が販売を担当する。社員として雇用し、しっかり教育することで製品やサービスの説明力を高め、来店客に納得して買ってもらうことができる。同時にスノーピークのミッション・ステートメントを理解し、それぞれの地域で店長としてスノーピークを代表する役割を果たしてもらう。社員雇用を重視する姿勢が成長の足かせになったことはない。

販売における社員重視の発想は、スノーピークがコミュニティーブランドであることとも密接にかかわっている。顧客の中には熱心なスノーピーク製品のユーザーが多数いる。アウトドアに一定以上の知識を持つ顧客が多く、しっかりした対応をするには残念ながらアルバイトではなかなかうまくいかないことがある。

社員雇用の強みは数字に裏づけられている。アウトドア専門店やスポーツ用品店はおおむね1坪当たりの年間売上高が平均で100万円ほどだと言われている。これに対して、スノーピークが社員を店長として張りつけるインストアの場合、1坪当たりの年間売上高は250万円に達する。売上高は約2・5倍であり、母体店である取引先にとっても大きなメリットがある。スノーピークから見てもインストアに社員を店長として送っても十分にペイするラインを超えている。こうした点から、インストア型の店舗が増えている。取引先とスノーピークはウィンウィンの関係にあり、店長はプライドを持ち、地域に根を下ろしてユーザーのケアをしている。

インストアへの社員の派遣は同時に、最近のアウトドア業界の構造変化も関係している。アウトドア専門店は2000年ころまで店頭に店員をたくさんそろえ、対面による接客で販売していた。しかし、業界内の競争が激しくなる中で専門店でさえも対面での販売が減り、セルフ方式の売り場にするケースが増えていった。スノーピークの製品を説明する担当者を置いてもらうことが次第に難しくなっていた。

販売の現場での説明力の低下はメーカーとして歯がゆかったし、取引先に対して、「もっと接客して説明してほしい」という思いがあった。一方で、私は専門店の現場を熟知しているし、経営の大変さも知っていた。こうした中で、両者のジレンマを解消しようと取引先に社員を店長として送るインストアというモデルを確立させてきた。

ロジックを磨きプロセスをマネジメントしていく

販売の現場で難しいのが、なかなか結果が数字として出ないケースのあることだ。どんな会社でも悩んでいることだし、スノーピークもこの点では同じだ。ではそんなときにどんな手を打つのかと問われても、店や担当者ごとに状況は違うし、一概に言うことはできない。

それでも、大切なのは「あくまで売れないのには、理由がある」と捉えることだ。ビジネスには運の要素もあるかもしれないが、だからといって運だけに頼っていては事業を継続したり伸ばしたりできない。このため、売れないときにはその理由をしっかりつかまえて、原因に応じた手を打ち続けなければならない。

危機をいち早く見つけて対応するための仕組みをつくり、磨いていく必要がある。スノーピークでは店長の行動規定に売上高の目標達成が入っているが、それだけでは数字を到達させるのは難しい。そこで、目標の売上高を上げるためにロジックでプロセスをマネジメントすることを重視している。

新規の顧客獲得を重視する理由

まず大切なのは、現状をあくまでもしっかりしたデータに基づいて把握することだ。規模が小さい会社では「何となく新規の顧客が少ない気がする」といった印象で話していることがあるが、それでは解決策を練ることはできない。私は企業規模がもっと小さいときからデータにこだわってきた。

もう少し具体的に説明しよう。スノーピークでは販売動向の把握のために売上高や来店者数もしっかり見るようにしていて、それぞれにソリューションがある。そんな中でも、私が課題を抱えている店舗に対して対策を練る上で意識しているのが、店舗ごとに発行するポイントカードの状況だ。

カードの発行などはデータを常時、システムで数値管理している。特に重視しているのが「新規の顧客をどれだけ獲得できているか」と「既存の顧客に対して、ステップアップをしてもらうようなセールス活動ができているか」についてのデータだ。

つまり、「新しい顧客をどれだけ開拓したか」「ファンをどれだけつくったか」から課題を探っていく。

まず「新規の顧客がどれだけ獲得できているか」についてだ。売上高を伸ばす要因を分解して考えるとき、私は新規の顧客が果たす役割は大きいと思っている。既存の顧客はもちろん大切だが、それだけではやはりビジネスに広がりが出てこない。次々に新しい顧客に加わってもらう必要がある。「新規を獲得するためにとても苦戦している」店舗はこの部分を改善しなければ、全体を底上げすることができない。

スノーピークでは、カードの新規獲得数と売上高に相関関係があることがこれまでのデータから分かっている。それに基づいて店舗ごとに各年の販売目標を達成するためには、ポイントカードの新規会員を年間でどのくらい獲得すべきかを定め、さらに月間目標として落とし込んでいる。この数字を基準に「今月末までに300人が必要にもかかわらず、実際には200人しかとれていない」といった形で現状を把握していく。

その上で対策を練る。

例えばこうしたケースではチラシをまくことも有効な1つの手だ。チラシはスノーピーク製品のイメージに比べて地味に見えるかもしれないが、効果はあなどれず、私は大切な方法だと思っている。新規客の来店促進のため、社員には店外に出てチラシをまくことを徹底している。

チラシのまき方にもこだわる

それでもただ漫然とまいているだけでは、新規来店客の積み増しは難しい。そこでチラシの配布は店頭だけでなく、ショッピングモールの中にある店舗だったら、モールの外に出て行うし、場合によっては店舗の近隣にも出向く。

ただし、闇雲に住宅街を回っても、キャンプを楽しむ人の比率は限られるので、あまり効果はない。むしろ、店舗の近くのキャンプ場に出向いてチラシをまいたほうが、関心を持ってもらえる可能性が高い。

スノーピークはここでもデータを活用している。実はチラシの配布枚数とポイントカードの新規の獲得には相関関係があることも分かっている。つまりチラシの枚数、カードの新規獲得数、売り上げには相関関係がある。

そこで例えば、売り上げ目標に基づいて年間500人の新規の顧客がほしい店舗があった場合、「○枚のチラシを○にまいてください」といった形で打つべき戦術をあらかじめ定めている。

逆に言えば、新規獲得が不十分な場合には、チラシのまき方が徹底できていない可能性がある。そこで数字をベースに、現場の対応が適切だったかをチェックしていく。カードの獲得件数から社員がさぼっていくとすぐに分かる仕組みになっている。

既存の顧客に対するアプローチを確認

スノーピークでは販売の最前線にいる店長には一定の行動基準を定めていて様々な管理業務を担当させる。が、他のチェーンストアと比べて厳しいかといえば、店舗運営はロジカルであり、モチベーションが高い人にとっては力を発揮しやすいと思う。

売り上げが伸び悩んでいるとき、既存の顧客に対するアプローチを確認することも重要だ。この点でもスノーピークでは顧客に対するポイントカードの情報が役立つ。

カードは顧客に買ってもらった金額に基づいてブラック、プラチナなどのステータスがある。そして、ステータスごとにも店舗の目標値を定めている。その達成状況に応じて、店舗の課題を探っていく。

カードのランクはキャンプに対する興味の大きさをそのまま反映する。このため、ステップアップしていただくことに意味がある。スノーピークでは顧客に必要としていない製品を買っていただくことは一切ない。大切なのは必要な製品を必要なだけ買っていただくことだ。

ノウハウを社内で横展開

もちろんデータだけではない。例えばスノーピークストアの中には、大きな売り上げを達成できる店長がいる。

「どうしてこの店長はこれだけの実績が出せるのか」について、エリアマネジャーが定期的に聞き取り調査するなどしながら、そのノウハウを社内で横展開していく。システム化というと少し大げさに聞こえるかもしれないが、例えば「来店客に対する提案書の書き方」といった情報を共有していく。

販売手法の情報を効果的に吸い上げるために、店長は月次のシートにこうした内容を記すことになっている。私の見たところ、優秀な店長の取り組みを掘り下げていくと、顧客に対する製品購入の提案書自体がうまくできているケースが目立つ。その他にも、「提案するための電話をかける」とか、「来店していただくためにどんな行動をとっているのか」

パソコンはアップル一筋である。
スノーピークウェイではユーザーに自らプレゼンテーションする

にこそ、成果を上げるポイントがあることが多く、様々な角度から情報共有を図る。また、もともとＩＴリテラシーが高い会社なので、ＩＴを活用したコミュニケーション能力もポイントになっている。

販売の話をすると、「スノーピーク製品は熱狂的なファンがいるし、わざわざそこまでしなくてもいいのではないか」と思う人がいるようだ。確かに熱心なユーザーはスノーピークのことを常に気にかけてくれていて、新製品を発売するたびに興味を持ってくれる。しかし、それだけではやはり顧客は増えないし、事業として継続して伸びていくことはできない。

「泥臭い」というところまではいかないかもしれないが、きちんとした営業のノウハウを積み重ねているからこそ、現在の売上高につながっている。どの社員が働いても営業利益をきちんと上げられる店舗にしていくには、やはり工夫を積み上げ、仕組みにまで仕上げていかなければならない。

「キャンプ研修」で販売のプロを育てる

販売力を高めるには、人材育成することも重要だ。

店舗の社員は配属前に製品知識についての座学研修を行っている。しかし、ハイエンドのアウトドア用品の販売は知識だけでは不十分だ。スノーピーク製品を実際にどのように使い、どんな特徴があるのかを体感させる必要がある。

そこで社員には、アウトドアで実際にキャンプの方法を学ぶ「キャンプ研修」を義務づけている。

もともと研修が不要なくらいキャンプが好きな社員が集まっているが、顧客がきちんと理解するまで説明できるようになるには、やはりしっかりした形での「使う体験」が欠かせない。キャンプ研修は新潟県三条市の本社敷地内か、大阪府箕面市でスノーピークが運営するキャンプ施設などで実施する。

「フィールドインストラクター」という肩書を持つ「鬼教官」の社員によって、かなり厳しい状況でテントを何度も立てさせたり、色々な設営をさせたりしながら徹底的に鍛えられる。こうして、専門家として体でしっかりした設営を覚えてもらう。製品の使い方を身につけてもらうことによって、店頭でも実感を込めて顧客に「私もこの製品を使っていますが、この点がとてもいい」といったことが話せるようになる。

スノーピークストアの中でも、直営店にはプロ野球でいうとファーム組織にあたる役割がある。

そこで販売を担当する社員は一連の研修を終えると、店長養成プログラムに従って基本的な業務を学んでいく。

その上でインストアの店舗に配属。店長のそばで働きながら、必要な考え方や業務を今度はＯＪＴ（職場内訓練）で身につけていく。

販売力を高める上では社員を育てると同時に、魅力ある店舗づくりにも力を注いでいる。私は店舗をつくることもロジカルで科学的なことだと思っている。店舗は立地条件によって間取りも動線も違っているからこそ、様々な条件を踏まえて一番効果的な店舗づくりを進めなければならない。

専門のコンサルタントの力も借りながら、店舗づくりを進めている。色々な実験をしていて、リターンが上がったノウハウはどんどん他の店舗に展開していく。そのために「こういうディスプレーをしたほうが顧客が入店しやすい」「導線を考えたとき注目度が最も高いゴールデンゾーンはこの場所になるので、この位置にＰＯＰをつけよう」といったことを１つずつ丁寧に考えていく。

アフターサービスにもこだわる

店舗は売るだけの現場ではない。

スノーピークは製品を永久保証にしている以上、アフターサービスにもこだわっている。2012年に担当者が受けた修理の件数は約6000件。作業手順を工夫しており、受け取ってからお返しするまで、社内のアフターサービス部門に停留している時間は通常1日にすぎない。最近ではさらにこの時間を0・5日にしようと目論んでいる。

そこで今後は、スノーピークストアに勤務する社員が修理ができるようにトレーニングする。

テントフレームのショックコードの交換、ランタンやストーブのノズルが詰まったときの交換のように、簡単な修理は店頭で即時の修理ができる体制をつくっていく。これができればおそらく修理が世界一速い会社になるだろう。ハードで差異化すると同時にアフターサービスでも差異化していく。

問屋経由から直接取引に転換
ユーザーの声が躍進の原動力

スノーピークの販売戦略は最初から今のような形だったわけではない。大きな転換を経て、現在の形にたどり着いている。そして、この転換こそが成長の原動力になっている。そこで販売のここまでの歩みを少し詳しく記していこう。

88年からのオートキャンプのブームによってスノーピークは、はっきり言ってしまえば、コントロール不能なくらい売上高が一気に伸びた。対前年比130％の売り上げが5年続いたことで、5年で売上高が5倍になるほどの勢いだった。しかし、当時は問屋の流通を使っていたことから、製品がどこでどのように販売されているのかについて、全ては分からなかった。

やがてオートキャンプのブームが終焉。売上高の減少が続く中、「顧客の声を改めて聞こう」と98年にスタートしたのが、キャンプイベント「スノーピークウェイ」だった。山梨県の本栖湖での1回目のときに得た参加者からのフィードバックが、販売方法の見直しと再び成長軌道に乗るきっかけになった。

このとき驚いたのは、参加者は全員が声をそろえて「スノーピークの製品の品質には満足している。しかし……」という言い方をしていたことだ。では何が「しかし」だったのか。

「高い」「そろっていない」に応えるため大改革

1つは「スノーピークの製品は高い」ということだ。

高くても買ってもらっていたが、ユーザーに言わせればそれは「ハイエンドな製品を作るブランドがスノーピークだけ」であり、他に選択肢がなかったからだった。ユーザーは製品の価値を認めていたが、「それでもやはり高い」と言っていた。当時はスノーピークのテントの定価は10万円だった。しかし、問屋の流通を使っていたために価格コントロールができなかった。多くの場合、店頭では「2割引きで8万円」で販売していたが、それでも顧客は「高い」と感じていた。

もう1つは「品ぞろえのいい店がない」ことだ。

当時は問屋経由も含めて約1000店の取引先があった。にもかかわらず、全製品をそろえている店はなかった。ある参加者が「近くにスノーピークの製品を扱っている店が5店舗あるが、自分のほしい製品はどこにも売っていない」と発言すると、他の参加者もうなずいた。しかも、問屋経由の販売で流通をコントロールできないため、当時の販売店の中にはハイエンドなイメージからかけ離れた店舗があった。

私にとってこの2つの指摘は強烈なフィードバックだった。私は眠れないことはほとんどないが、その夜だけはテントの中で何時になっても目がさえたままだった。テントの中でずっとフィードバックの中身を考え、何としても応えなければならないと思った。

ただし、価格を下げると言っても、ユーザーが基本的に品質に対して満足している以上、品質を低下させることはできない。品質を保持したまま、価格をもっと安くしなくてはならない。アウトドア市場に参入した当初は16万8000円のテントを作ることによってハイエンドマーケットを生み出すことができた。が、それだけでは市場を広げることはなかなか難しい。もう少し価格を抑えることによって、毎年顧客に入っていただくほうがビジネスとして可能性が広がる。そして、アウトドアの楽しみが広がるにつれて、必要な製品を買っていただきたいと思った。

同時に品ぞろえにも気を配る必要がある。例えば自動車で30分ほど移動したらすべてのスノーピーク製品を買えるような販売網を作らなければならない。フィードバックの課題は重く、どちらもそれまでのやり方を根本的に見直さなければならなかった。

翌日キャンプ場を出て、本栖湖から車で新潟に帰る途中、長野あたりで腹をくくった。価格を少しでも買いやすくするには、問屋との取引をやめ、流通コストをカットするしかない。試算してみると、問屋経由では店頭価格が8万円のテントを直接取引に切り替えることで5万9800円で販売できることが分かった。品ぞろえのよさはどうかといえば、50万人商圏に1店舗ずつの割合で全国に店舗を配置していくと、250店ほどあれば欠品のない効果的な流通を構築できることが分かった。直接取引による専門店のネットワークをつくることでユーザーの2つの命題に完璧にこたえられる――。

ただし、これは従来の販売戦略からの転換を意味する。このため社員は懐疑的だった。それでも私は「変えること自体を望んでいるわけでないが、そのほかの方法は思いつかない。反対ならば対案を出してほしい」と伝えて説得した。

このときスノーピークにとって幸いだったのは、アウトドア業界のうちキャンプには強い引き潮が来ていたことだ。

問屋も小売店も「キャンプのブームは終わった」というイメージを持っていたため、スノーピークが流通の仕組みを変えることに対して、「終わったビジネスだから、何をしても関係ない」という空気があった。そしてそのムードに乗ることによって我々は一気に販売網を切り替えていった。

取引をやめる問屋に対しては私が自ら訪問して事情を説明したが、中には「お父さんの代から、どれだけのことをしてやったと思っているのか」「感謝の心もなく、薄情だ」「問屋である我が社を外してアウトドア業界で生きていけると思っているのか」と言われることもあった。

それでもユーザー目線で考え、後戻りはできなかった。

一方、直接販売のネットワークを構築するために、地域ごとに「もしこの店が正規代理店になってくれたら理想の販売網ができる」という小売店をリストアップ。その上で私も同行して日本中を回って商談を繰り返した。スノーピークがオートキャンプというカテゴリーを作り上げたことは関係者にとって明白であり、各地の経営者は「業界を変革してきたパイオニア」と認め、本気になってくれたため比較的円滑に進んだ。幸いにも最初のリストに選んだ250店は1店残らず引き受けてくれた。

2000年のシーズンから流通をそれまでの問屋経由から正規特約店への直接取引に切

料理すること、そして食べること
はアウトドアにおいて何よりの楽
しみだ!

り替えた。振り返ると大変だったが、支えになったのはユーザーの言葉だ。

流通の変革を決めたきっかけは、フィードバックをくれたユーザーである以上、何を言われても、その言葉が正しければ売り上げは伸びていくはずだと思った。実際、製品を扱う店は一気に4分の1に減ったが、2000年から早くも売上高は再び増加に転じた。

そして、2003年からは直営店でスノーピークストアの出店をスタート。さらに2005年からは正規特約店の上位店舗を中心にスノーピークストアをインストアで展開している。

スノーピークストアでは社員一人ひとりが店頭でブランドを支えている。社員にはスノーピークが好きで、アウトドアが好きな人がそろっているが、同じスノーピークストアである以上、どの店であっても同一のサービスが提供できなければならない。私が店長によく言うのは、「あなたのところに来たユーザーが不幸で、隣の店舗が幸せというのではダメだ」ということだ。

新しい販売スタイルもスタートする

2014年からは新たにショップインショップという形態でも出店している。

取引先の小売店に15坪ほどのスペースを占有させてもらい展開するが、インストアとの違いは店長がスノーピークの社員ではない点にある。ショップインショップの場合、あくまで取引先の担当者になる。

販売水準を維持するために、この担当者にスノーピークの社員と同じようにキャンプ研修を受けてもらうほか、製品についての研修などを受けてもらう。同時にミッション・ステートメントも理解してもらう。社員が本来知っているべきことをやはり身につけてもらった上で、スノーピークが認定する「スノーピークマイスター」として販売してもらう仕組みだ。

これまでの手法では、取引先にとってインストアを出すほどのマーケットがないケースや、スノーピークからすると社員を張りつけてもなかなかペイしないケースがあった。しかし、ショップインショップでは、取引先の社員が販売を担当するので、コストのハードルが下がり、展開しやすくなる。ショップインショップはこれから早い段階で40店舗ほどまで広げていく考えだ。

徹底解説

スノーピークストア

スノーピークストアは直営とインショップを合わせて約60店を展開する。社員が店長を務め、スノーピークの全アイテムを手に入れることができる

店舗のスタッフと。直営店は社員のほか、アルバイトらも活用している

具体的な場面を店頭で再現することによって、顧客にシーンごと提案する

コピーにも徹底的にこだわり、製品の魅力をより分かりやすく伝えていく

製品を写真パネルとともに展示。実際にアウトドアで使うときのイメージを喚起する

テントの天地を逆さまにするなど遊び心あふれるスタイルでの展示が目立つ

店舗を訪問し、社員と話すことによって浮かぶ「気づき」を経営に生かしていく

Chapter 4

仕事後にキャンプ！のワークスタイル

自然指向のライフスタイルをオフィスづくりに落とし込む

スノーピークで働くことの意味を知ってもらうには、新潟・燕三条にある本社を訪問してもらうのが一番分かりやすいだろう。

JR上越新幹線の燕三条駅から自動車で約30分の場所にあり、周囲は自然のあふれる小高い丘陵地帯だ。もともと牧場のために開かれたところであり、広さは約5万坪ある。ユーザーに見学していただくため、オフィス内を1周する見学ルートも設けている。少し遠出になるかもしれないが、機会があったらぜひ一度訪問してほしい。

スノーピークでは本社施設のことを「ヘッドクォーターズ」と名づけている。この地に本社を構えたのは2011年のことだ。それまでは市街地にあった。しかし、「自然指向のライフスタイルを提案し実現する」というミッション・ステートメントに向かって進み続けるために、思い切って移転を決めた。

オフィスの目の前がキャンプ場！

本社の目の前は「キャンプフィールド」となっている。もっと正確に言うと、5万坪のキャンプ場の中に1600坪の本社施設がある。直営のキャンプ施設で春から秋は緑一面となり、冬は雪で覆われ真っ白な世界になる。季節を問わず天気のいい日には周囲の山々を望むことができる。1年を通して自然を楽しみ、自然から学ぶイベントを開いていて、多くのユーザーが集まってくる。私や社員もキャンプフィールドで頻繁にテントを張り、アウトドアライフを楽しんでいる。スノーピークで働く人にとって、アウトドアはそれだけ身近なものであり、日常の延長線上にある。

社屋は地上2階地下1階だが、斜面に建っているため、角度によっては3階建てに見えるユニークな構造だ。自然と調和する近代的なフォルムが特徴であり、「それまで見たことのないオフィス、こんなオフィスがあったらいいというものにしよう」と考えた結果、今の形になった。スノーピークは製品開発で競合のまねは絶対にしないが、本社の建物においても、徹底的にオリジナルであることにこだわった。日本経済新聞社とニューオフィス推進協会が主催する「日経ニューオフィス賞」において大賞にあたる「経済産業大臣賞」を受賞するなど、高い評価を受けている。企業の視察も多い。

企画から製造、販売まですべてがそろう

ヘッドクォーターズは開発部門に加えて製品の修理を担当するアフターサービス、営業、管理などの部門があるほか、工場も併設している。ものづくりは地元である燕三条の協力工場に多くを任せているが、それでも自社で製造業の技術や考え方をしっかり受け継ぐために、あえてこの工場を作った。工場内には本格的な加工機を何台も備え、ロングセラーとなっている製品「焚火台」を製造している。

同時に、ヘッドクォーターズにはスノーピークの製品をすべてそろえた「スノーピークストア」を併設している。5カ所ある直営店の1つであり、日本有数の規模を持つ。つまり、ヘッドクォーターズには開発から製造、販売まですべてのセクションが1つの場所にそろっている。

建物の中に入ってみると、自然光を生かした明るさに気づいてもらえるだろう。ユーザーに楽しい時間をすごしてもらうための製品を作っている会社である以上、それを手がける社員が心地よく働く環境が必要だ、と私は考えている。そのために、余裕を持ったレイ

国際営業部門の今井恵美子さん。「やりたい仕事を提案すると、どんどんできる会社だと思う」

アウトにしていて、オフィス内には余計なものは置いていない。

ハイエンドな製品を手がける会社である以上、もちろんオフィス機器のデザインや機能はしっかり選んでいる。個人の自由を重視していて、バランスボールをイス代わりにしている社員がたくさんいる。

ただし、どれだけオフィス環境がよくても、ずっと集中して働いていると、ときには気分転換が必要になってくる。スノーピークの場合にはオフィスから一歩踏み出せば、自然豊かな世界が広がっているが、私はさらに働きやすさを高めようと考えた。その結果、オフィスに最近、ストレッチマシンを導入した。社員は毎日、勤務時間中の30分間、自分の好きな時間にマシンを使うことができる。少し体をストレッチすることによって手軽にリフレッシュし、また仕事に集中する。

社内には専用のフィットネスルームも開設している。ここにも何台もフィットネスマシンをそろえていて、社員は仕事が終わってからも自由に使い、体を鍛えたり気分転換をしたりできるようになっている。テレビやソファも備えていて、社員のくつろぎの場としても活用してもらう。ここまでするのは、ユーザーがわくわくする製品を作り出すためには、まず何よりも社員自身がいきいきしていなければならないからだ。

フリーアドレスで、座る席を毎日変えるルール

オフィスではフリーアドレスを採用している。こうした会社は最近増えているが、スノーピークでは、毎日座る席を変えること、前日と同じ人の隣に座らないことをルールにしている。

スノーピークは大きな会社ではないが、いくつかの部門に分かれている。このため、放っておくと同じ部門の人としかコミュニケーションしなくなることがある。しかし、これでは社員が持っている多様な能力を発揮できないし、経営者として社内の資源をフル活用することができない。

こうした弊害を避けるために、フリーアドレスを徹底することによって、異なる部門の社員が自然につながるようにしたいと考えた。座る席は役員も同じスペースのため、毎日色々な役職や部門の人と隣り合わせて仕事をする。実際に自然と部門や役職の壁を越えて、社員同士が気軽に言葉を交わし合うようになっている。そして、様々な形でその効果が出てきている。

ブランドの成長は社員の成長にかかっている

スノーピークで働いている社員は2014年3月時点で約160人いる。私は全社員の顔と名前を覚えている。また、一人ひとりがどんなことに興味を持っているかを知るため、社員のフェイスブックなどもよく見ている。

社員の属性について記すと、本社は新潟・燕三条にあるが、新潟県出身者はおよそ2割にとどまる。多くを占めるのがそれ以外の都道府県の出身で、製品の魅力を通して、アウトドア好きな人が全国から集まっている。本社を見ても、社員約50人のうち、地元で育った人は15人ほどで、残りの35人はそれ以外の出身者だ。このため、新潟のローカル色はほとんどない。

会社では、正社員が9割を占め、男女別には男性が7割、女性が3割となっている。部門別に見たとき、一番多いのが全国の店舗の社員だが、事業規模の拡大に伴ってこのところ管理系の社員も増強している。平均年齢は36・9歳で中途採用が9割を占めており、数年前から新卒採用に本格的に力を入れている。

仕事が終わったらキャンプして、また出社

前述した通り、ユーザーを楽しませる製品を作る以上、社員の働き方には早くから気を配ってきた。例えば、週休2日制の完全導入は87年であり、これは私が入社した翌年のことだった。

スノーピークに入る以前に、私は外資系の会社で働き、社会人としてのスタート時点から完全に週休2日だった。それが、父の会社に入社したとたん休みは日曜日だけになり、「何だ、これは…」と驚いたことを覚えている。「アウトドアの楽しさ、遊びを提案していく会社にもかかわらず、週休1日では遊べない」と、父に訴えて、週休2日に変更してもらった。

社員はアウトドアが好きな人ばかりであり、スノーピークの製品をどんどん使ってもらいたいと思っている。このため、社員向けの販売制度を作り、一定の割引率で自社製品を購入できるようにしている。この仕組みの利用者はとても多く、社員は頻繁にキャンプや

登山に出かけている。

本社で働く社員の中には、オフィスで丸1日働いてからも、家に帰らないで目の前にあるキャンプフィールドにテントを張って1晩をすごし、翌朝にテントから出社してそのまま働く人がいる。もちろん毎日ではないが、東京や大阪のオフィスで働く人にとっては考えられないような働き方がスノーピークでは可能だ。

多くの社員が働くことと同時に休日をしっかり楽しんでいる。長めの休みを取得して遠方に出かける人もいるが、むしろ多いのはそれほど遠くないところに土曜日にキャンプに出かけて、日曜日に帰ってくることを頻繁に繰り返すケースだ。年間でアウトドアで20〜30泊する社員がたくさんいる。そんな中で年間のキャンプの日数が一番多いのは社長の私だ。有給休暇の消化率は100%というわけではないが、少なくとも休みが取りにくい会社ではない。

スノーピーク一座の一体感

スノーピークは自分のほしい製品だけを作ろうと思っているし、ビジネスを考えるときはロマンチックに考える面があるかもしれない。しかし、ロマンだけでは飯が食えない。企業としては結果を出さなければならないし、売れる仕組みを作る必要がある。ロマンと経営は両立しなければならない。ただし、アウトドアというカテゴリー自体が高度化する文明社会の問題解決型のビジネスであるため、両立はできると思う。

アウトドアの愛好者を幸せにすることが存在理由である以上、ユーザーとコミュニケーションをしっかりとるために、ものを言いやすい雰囲気をつくり、もっと積極的にいえばユーザーにスノーピークの企業活動に参加してもらう。実感としてはスノーピークが提供する製品やサービスはユーザーの人生を間違いなく豊かに、幸せにしている。家族が仲良くなったり、癒されたりする価値を提供する結果としてビジネスが成立している。

社員にも同じ感覚で働いてほしいと思っている。

実際、スノーピークでは経理の担当者であっても、本社のキャンプフィールドでイベントがあるときにはユーザーと当たり前のように接しているし、次の年のイベントに同じユーザーが来てくれたときには顔を覚えていて色々な話をしたりする。

他の場所でのイベントにおいても、経理だろうが総務だろうが、はたまた工場で働いたり倉庫で働いたりしている社員も含めて、「スノーピーク」座」のように皆で出かけてユーザーに接する。そういう一体感が企業文化になっているし、ユーザーと触れ合うことが当たり前の会社になっている。

新卒に不可欠な条件

知名度が高まりメディア露出が増える中で、「スノーピークに入社したい」という人がこのところ増えている。ここからは採用について具体的に記してみよう。

新卒の場合、インターネット経由で募集して、毎年1000人ほどのエントリーがある。全国的に人手不足が進んでいて地方では特にその傾向が強いが、スノーピークの場合にはアウトドアが好きな人が全国から入社を希望しており、応募者が集まらなくて困ったという経験はない。東京と大阪で説明会を開き、2回面接する。1回目は総務部門で行い、2回目は私を含めた役員面接だ。

私は面接の場面で、応募者が持っている資質を総合的に見ることを心がけている。「アウトドアが好きかどうか」「スノーピークが好きかどうか」と同時に、「主体的に動けるかどうか」や「周りの社員とうまくやっていけるかどうか」といったことを重視している。

もう少し詳しく説明すると、アウトドアについては、履歴書の趣味の欄に「キャンプ」と書いてある程度では、採用するのが難しい。アウトドアに対して趣味程度の関心しかない人に、スノーピークは興味がないからだ。

だから「アウトドアが好きでたまらない」ことが何よりの条件だ。スノーピークには熱狂的なユーザーが多いため、製品の特徴をきちんと伝えられることが特に大切であり、スノーピークに関心がない人は採用しない。最初からどんなブランドかについて、分かっている必要がある。

最近の応募で目立つのは、「子供のころからスノーピークの製品でキャンプをしてきた」という人だ。オートキャンプのライフスタイルを革新してから25年以上が過ぎているし、中には家族そろってのユーザーとして育ち、「両親からスノーピークに絶対就職しろ、と言われました」と話す学生もいる。それだけに、いっそう「キャンプに1、2回行ったことある」というレベルの人が面接を通過するのは難しい。「アウトドアがライフスタイルである」ことが最低条件だ。

1晩を空港のベンチで一緒にすごせるか

スノーピークはとにかくオリジナルな製品にこだわっているので、社員は前例のないところに主体的に行かなければならない。処女地を進むしかないため、入社してから主体性が発揮できないタイプは難しい。

誰かの力を借りなければ仕事ができない人は通用しないし、「自分に何ができるか」を考えられることが重要だ。

面接では、多くの会社と同じように「どうして志望したか」「入社したらどんなことができるか」を尋ねるが、それに加えて私がよく聞くのが「もしあなたを採用した場合、会社にとって他の人と違うどんなメリットがあるかを教えてほしい」ということだ。ここでは、主体性をしっかり自己アピールできることが必須になる。例えば、学生時代に色々なボランティアを経験して主体性があるといったことを重視している。

面接のポイントのうち、周囲との関係について、実は十数年ほど前までは「能力があるならば、人間性はそれほど重視しなくてもいいのではないか」と思っていた。しかし、こうして採用した人がなかなか活躍できなかったという経験を経て、今は周囲に対して心理的なメリット、例えば「温かい人」とか「いいやつ」「ほっとする」など、何らかの形でプラスなことを与えられる人でないと、うまくいかないと思っている。

米国の大手IT企業、グーグルは採用にあたって、ボードメンバー全員が「アクシデントがあって1晩を空港のベンチですごさなければならなくなったとき、この人と一緒にい

開発担当の長妻正人さん。「デザインも設計もすべてできる。自分のほしいモノをつくる」

られるかどうか」を採用の基準にしていると聞いたことがある。スノーピークでは人間性を見るにあたって、この手法を参考にしている。

私を含めてボードメンバーが同じような条件を想定しながら、積極的に一緒に働きたい人を採用する。学校名には全然こだわっていない。これまで採用した人の中にも、「採用してから、初めて学校名を見た」というケースは珍しくない。

新入社員にキャンプ研修

競争力の源泉となっている開発については、関連部署と相談しながら、「この人が入社したら、すごいことになる」と思えるような人材の採用を心がけている。美術大学の出身者が多く、ポートフォリオに表現されているスケッチなどを見ると、「この人はもしかしたら、社会を変えるかもしれない」という人もいる。また「時代の要請として、こうした人こそがスノーピークで仕事すべきだ」と思ったケースもある。「どんな点からそう判断したのか」と尋ねられると答えるのが難しく、「感性がみずみずしい」と表現するしかないのだが、この分野はよい人がいれば何人いても構わないので、「これは」という人材は必ず採ることにしている。

内定者に対しては、このところ入社を控えた2月に本社前のキャンプフィールドで2泊3日のスケジュールで雪中キャンプを行っている。それだけでなく、入社してからも新入社員研修の一環としてキャンプ研修を実現する。

アウトドア好きが集まっているのでテントを張ったことがない人はいないが、アウトドア会社で働くプロとしてしっかりできるかといえば、必ずしもそうでない。そこで研修によってキャンプのノウハウをきちんと移植し、スノーピーク流のキャンプを最初に叩き込んでおく。

この段階から指導者としてのキャンプをしっかり教え込み、全員がきちんと技術を身につけていく。顧客に対してしっかりしたケアができるようにすると同時に、ユーザー目線で考えることができるようになる。

最近では、スノーピークの製品を見て「スタイリッシュでかっこいいから、入社したい」と応募してくる人もいるが、それだけでは採用は難しい。そういうタイプはブランドにぶら下がろうとしているにすぎないからだ。

こうした社員が増えると、会社全体が主体的に動くのが難しくなる。あくまでも、社員は自分の力によってさらにブランドを高められなければならない。そういう意味ではスノーピークは厳しい会社だ。

中には採用したものの、当初思っていた人材と違うこともある。面接では「ブランドをつくります」と言っていたのに、実際にはブランドにぶら下がろうとするケースだ。それでも「自分でブランドをつくろう」という社員がそろっているため、やがて周囲と合わなくなる。このため、ブランドを毀損する社員は自分から会社を去っていく。

即戦力を対象にして中途採用

人材はできるだけ新卒の生え抜きを一から育てたほうがいいと思っている。しかし、スノーピークは成長のスピードが速いために、新卒だけでは間に合わない側面がある。2、3年前まで必要でなかった職種の社員が必要になるといったケースがときどきある。そこで、即戦力を対象にして中途採用を随時行ってきた。

このところ、多いのは管理本部関連で、公認会計士の資格を持つ経営企画部門の担当者や、しっかりした実務経験がある労務管理の担当者、経理の担当者などを中途で採用してきた。総務、経理、システムを含めて管理本部はもともと人数が少なかったこともあり、ここ2年で社員が3倍ほどになっている。

国内営業本部の大沼直也さん。「自分の好きなアウトドアを仕事にする分、やりがいがある」

また開発関連では最近、グラフィックデザイナーを中途採用した。カタログやパンフレットなどの制作はこれまで外注していたが、専属ではなくコストがかかっていた。それならば、スノーピークの色に徹底的に染まってもらうことができる人材と取り組むべきだと考えた。

実績だけでなく、「これから何ができるか」がポイント

中途採用にあたっては、人材関連のエージェントに依頼して求める人材を探してもらうケースと、求人誌経由などで応募してもらうケースがある。

しかし、中には募集していない職種、時期にもかかわらず、自分で応募してきて最終的に採用になった人もいる。例えば、ある執行役員はもともとアウトドア、キャンプが好きだった。

新潟出身でUターンを考えていたことから、中途採用の募集をしていないにもかかわらず、「スノーピークに入りたい」と考えて履歴書を送り、自ら電話してきた。最初は断ったが、「どうしても会うだけ会ってほしい」と粘るので渋々面接すると、主体性がありスノーピークにこれから必要な分野の知識と経験を持っていることが分かった。そこで最終的に

採用し、現在では大活躍している。

一方、中途採用の場合、どれだけ実績があっても「それまでのキャリア」だけで採用することはない。

あくまでも「これから何ができるか」「主体的に動けるか」がカギになる。ときどき海外の大学に留学してMBA（経営学修士号）を取得した人や、著名な会社で働いている人が応募してくるが、それまでのキャリアが魅力的で面接しても、実際に話してみると全然ダメなケースもある。

またキャリアが立派でもアウトドアに関心がない人も難しい。私はそんな人と面接すると「確かに優秀かもしれないが、それならば別にスノーピークでなくてもいいのではないか」と思ってしまう。

中途採用でそれまでのキャリアはある程度参考にするとしても、やはり、大切なのは「これから何ができるか」だと考えている。

日報を毎日チェックし、一人ひとりの成長を見つめる

スノーピークでは社員に成長してもらうために、全員に勤務時間の最後に日報を書くことを義務づけている。社員には「何があったか」だけでなく、「どう考えて、どう動いたのか」についても書くように指導している。

書いた日報はグループウエアで全社で情報共有している。私も毎日一人ひとりの日報を必ず読むようにしている。キャンプを楽しんでいるときには原則として仕事はしないが、日報のチェックだけはあえて例外にしている。日報のためにパソコンを持ち歩き、インターネットがつながる環境であれば、間違いなくチェックする。日報を書かない社員はその時点でマイナスの評価になるし、書くように上司を通じて促す。

日報はあくまでも業務の一環だ。会社として「日報を書いてほしい」とお願いしている以上、私がいい加減な態度で臨んでいるとしたら、社員は嫌な気持ちになるし、「見ないのに、

どうしてわざわざ日報を書かせるのか」という気持ちになるだろう。だから必ず読む。

ここまで力を入れるのはなぜか。日報の効用は毎日読み続けていくと、それぞれの社員の成長がはっきり見えてくる点にある。

スノーピークの日報システムにはコメントを書き込む機能がある。このため、「去年と比べると、今年はこんなふうに成長してきたのか」「自分で考えて、動いている」などと気づいたときには、私がその社員の日報にコメントを残す。そのときには「○○がきちんと実現できている。君の成長が見えて、すごくうれしい」といった形で素直に気持ちを伝えることを心がけている。それだけでなく、社員の上司に対しても私の気づきを伝えて、上司経由でも私がほめていたことを伝えてもらう。こうして「社長や上司は見てくれているんだな」と分かれば、社員にとってモチベーションになるし、誰でもほめられたらやはり「うれしい」と感じ、前向きな気持ちになる。

店舗の課題や打つべき施策が見えてくる

日報の役割は社員の育成だけではない。継続して読んでいると、例えば店舗の売上高が伸びていないときにはその理由が浮かび上がってくることがある。

販売データやポイントカードのデータは大切だが、それだけでは店舗ごとの社員の細かな動き方は分からないこともある。これに対して、データと日報を合わせて読むことによって、具体的な現場の課題が見えてくる。逆に言えば、日報がなければ、物理的な距離のある店舗の場合、機動的に動くのは難しいだろう。日報に対して「読むほうも書くほうも手間がかかって大変だ」と否定的な経営者もいるが、私にとってはこれほど便利で役立つ大切なツールはない。

日報にはあえて厳しいことを書くこともある。それは書き方自体についてに及ぶこともある。「これでは仕事に対して、主体性がない書き方である。自分がどうするかを記載してほしい」といったことをはっきり伝えることもある。内容が不十分な場合には上司にも「日報の書き方がおかしい。これでは書いたことにならない。しっかり指導してほしい」と伝える。

先進的な取り組みを業務の円滑化に生かしてもらえるように、社員は他の人の日報を読むことができるようにしている。また私にとっては1人の社員へのコメントを通して、他の社員にも気づきを共有してもらう。例えば、ある社員に厳しいコメントを1回すると「主体性のない仕事はスノーピークの企業文化に反する」といったことが社内に正しく伝わる。

忙しい都会を離れ、緑の上に寝そべって、太陽の光と草の香りに包まれる

さらに、スノーピークでは社員の研修にも力を入れている。コーチングやロジカルシンキングの専門家に会社に来てもらい研修を行う。またマネジャーに対しては新任者向けと定期的な研修を行っている。

「はっきり伝える」姿勢を評価制度にも反映

社員の待遇面について記していこう。

まずキャリアアップについては、入社するとタスクリーダー、マネジャー、そしてシニアマネジャーという流れでステップを踏んでいくことになる。ざっくりしたイメージでいうと、タスクリーダーには早い人だと20代半ばで就任する。マネジャーは30～35歳くらいが中心であり、シニアマネジャーは35～45歳くらいとなっている。ときどき抜擢人事を行うため、若い社員がいきなりマネジャーになったりすることもある。取締役は50代が2人、40代前半が2人となっている。

賃金体系は働きぶりによって賞与に大きな差をつけている。

私は基本的に「いいことはいい」とほめるし、悪いことあれば「君がとったこういう行動は、こういう理由でダメだ」とはっきり伝える経営者だ。評価制度もそれを反映し、果たすべき仕事をしっかり行っているかを見て、賞与に反映する。例えば、販売を担当する店長はS、A、B、C、Dの5段階で評価する。結果を出したらその分だけリターンはあるが、一方でしっかりやらないとそれに見合った分しか受け取れない仕組みになっている。分かりやすくいうと、同じ年齢でも賞与が3万円のケースと100万円のケースがある。また、Dがつくと降格になることがあるし、Cの場合も2期続けると降格になることがある。これは言い方を変えると、店長の行動評価の基準はユーザーを笑顔にするかどうかだ。「こういう行動を取った場合、ユーザーは笑顔になる」、一方で「そこから逸脱すると、笑顔がなくなる」。あくまでもユーザーの立場が基準になっている。

給与は同じ役職の場合、一定のレンジが設定されている。ただし、昇格によって給与テーブルが大きく変わる点に特徴があり、キャリアアップと給与が連動している。その意味でスノーピークの賃金体系は実力主義的である。厳しくとも、こうした仕組みがないと、頑張っている社員が幸せになれない。

評価の方法は、私が直接評価するのは役員と執行役員だけで、そのほかの社員はそれぞれの本部長が評価し、私が最終的に承認する形だ。部門ごとの評価は1次考課、2次考課といった形で丁寧に行い、結果についてのフィードバックを必ず実施する。3年ほど前までは私が全員面接し、評価を決めていたが、企業規模が拡大していく中で「もう全員の評価はできない」と思い、今の形に改めた。

社長朝礼で話していること

最後に社内のイベントや取り組みについて紹介しよう。

イベントの中で、特に重視するのが経営計画発表会だ。12月期決算に合わせて年末に本社で開催している。この日は普段なかなか一堂に集まる機会のない店舗の社員も可能な限り参加。ほとんどの社員がそろう年1回のスペシャルな日だ。

3時間ほどかけて来年の計画を発表するが、このうち私が1時間半ほど来年の方針について話す。貴重な機会のため、自分の言葉で分かりやすく、熱く語ることを心がけている。

発表会が終わると、緑豊かな本社からさらに山奥に入った場所にある温泉に出かけ、泊まりがけの忘年会を開く。このときに社長賞などの表彰を行う。社長賞は業務だけでなく、例えばボランティアで清掃活動をしたケースなども含めて「会社にいい影響を与えた」社員が対象になる。賞金は1人30万円で2013年は2人に贈った。ただし、忘年会は堅い雰囲気でなく、この日ばかりは無礼講であり、午前3時まで大宴会が続く。

社内行事としては、社員とそのファミリーを対象にした、キャンプイベント「ファミリーウェイ」も不定期で開催している。私は普段、社員の家族と会う機会はあまりないし、家族の側も社員がどんな仕事をしているかを知らないこともある。お互いの理解があったほうがいいと考えて実施している。

また定期的な取り組みとして、朝礼を毎週1回月曜日の午前8時半から行う。最初にミッション・ステートメントを唱和。次いで月初の朝礼では「社長朝礼」として私が話す。それ以外はタスクリーダー以上の社員が持ち回りで担当する。社長朝礼では、その月に特に重要と考えているテーマについてスピーチする。

例えば、ある年の2月にはこんなことを話した。スノーピークは1月から新年度のため、2月は新しい期がスタートしてから1カ月が経過したタイミングにあたる。これはちょうど「1年間にすべきこと」を忘れそうになってくる時期でもある。

最初の1カ月で何もできていなければ、そのまま何も変わらないまま1年が終わる可能性がある。そうならないためにも、1月の1カ月がどうだったかを振り返ることはとても大切だ。前年から何も変化していなかったとしたら、すぐに変化させなければならない。そこで「変革が一人ひとりに本当に起こっているか」を問いかけた。

徹底解説

ヘッドクォーターズ

静かな丘陵地に突然、現れた建物を前に、遠方から訪れた若いユーザーは思わず、「やばい!」と何度も口にしていた。夜になるとブランドのロゴは明かりがともる

自然のあふれる小高い丘陵地帯にある。広さは約5万坪ある

明るいフィットネスルーム。仕事が終わってからも自由に体を動かすことができる

社員はスノーピーク製品のユーザーが多い。社員販売制度は充実している

本社の一角には直営店がある。最大級の規模となっている

アフターサービスを手がける部門。とにかく手際のよさが目立つ

工場は本社見学コースからもばっちり作業の様子を見ることができる

フリーアドレスで社員は好きな席に座って仕事ができる。ただし、前日と同じ席で同じ人とは隣にならないルールがある

Chapter 5

星空の下で 五感を研ぎ澄ます

自然の中に身を置き判断力を高める

読者の皆さんはキャンプにどれくらい出かけているだろうか。

私自身の年間のキャンプ日数を振り返ると、過去10年では少ない年で30泊、多い年だと60泊ほどとなっている。２０１３年には1年間に45泊ほどをキャンプですごした。キャンプは設営や撤去が必要ということもあって、アウトドアを楽しむには1回のキャンプで2泊することが多い。回数で見るとだいたい毎月2～3回はキャンプに出かけていることになる。ここにはプライベートのキャンプだけでなく、イベントとして開くスノーピークウエイも含まれている。

最近は仕事が多忙なために、プライベートではあまりキャンプに出かけられないこともある。その代わりに仕事で疲れたときに、本社の目の前にあるキャンプフィールドにテントを張り、翌日キャンプサイトから出勤することが1年間に15泊ほどある。

この本の読者はビジネスにかかわる人が多いかもしれないが、機会があったら、キャンプに出かけてほしい。しかもできることならば、是非2泊してほしい。するとビジネスを展開する上でも様々な気づきがあるはずだ。

キャンプを楽しんでいる人は分かると思うが、テントで2泊すると3日目の朝には、体のリズムが自然のリズムとシンクロする感じが出てくる。私にとってはこれがキャンプをする楽しみの1つになっている。

例えば、朝日が昇るのは意外なくらい早い時間だ。冬場を除くと、午前4時半とか5時になると、太陽が昇ってくる。すると、やはりそれに合わせて目が覚めてくる。このため、キャンプでは普段よりも早く、午前5時とか5時半になると起床して、テントから出てくる。これに対して夜になるのも普段よりもずっと早い。夕方になってご飯を早めに食べてから、少しお酒を飲んでいるともう眠くなる。すると、午後8時にはもう眠りについてしまう。

キャンプですごす時間はこれだけ通常のビジネスの時間と大きく違う。そして3日目の朝を迎えるころになると、自分たちが日常送っている生活パターンが、必ずしも自然のリズムと合っていないことが分かってくる。アウトドアというのは、そういう遊びだと思う。

スノーピークは「人生に、野遊びを。」というキャッチコピーを掲げているが、アウトドアとは普段の生活自体とは違う生活パターンであり、それは原始的といってもいいだろう。普段と違う空間に身を置くことによって、本来人間が持っているリズムが分かるような感覚がある。「五感で感じる」と表現してもいいだろう。私はキャンプにそんな楽しみを感じている。

天気や季節ごとに楽しみ方がある

しかも、アウトドアである以上、キャンプの条件は毎回変わってくる。キャンプはあらかじめ日程を決めて出かける人が多いが、テントを張るのは天気がいいときだけではない。雨が降ることもあるし、場所によっては雪の日もある。私も雨が降った日は嫌だし、さらに横風でも吹いてくればなおさらだ。冬場には寒いな、と思う日がやはりある。それでも雨具を着ればキャンプはできるし、そういう条件の日があるからこそ、晴れた日のキャンプが余計気持ちよかったりする。だからどんな天気であっても、私にとってキャンプは楽しさのほうが大きい。

キャンプの楽しみは季節によっても変わってくる。これは「味わいが違う」といったほうがいいかもしれない。

例えば春のキャンプで何がわくわくするかといえば、地面が温まってきて「ああ、やっとこれで長かった冬から春になったのだなあ」という安堵感のようなものを感じられることだ。私は冬場は雪が積もる燕三条に生まれ、今もこの地に住んでいるので、雪解けして地面が再び現れてくることが、とにかくうれしい。4月には桜が咲き、5月には新緑の生命が一気に芽吹いてくる。その様子を見ていると、ひょっとしたら私と同じくらい自然もわくわくしているのかもしれない、と感じることがある。春のキャンプでは、それだけ自然の生命力を感じることができる。

夏は真冬などと比べれば生命の危険は少ないし、子供の夏休みもあって長い休みを取りやすいことから、キャンプの初心者が多い季節だ。夏のキャンプをきっかけにしてアウトドアの生活に馴染んでいく人がたくさんいる。その分、各地のキャンプ場が混雑していることから、私は本社前のキャンプフィールドでテントを張ることが多い。あまり他の場所にキャンプに行かないが、それでも多様な楽しみ方ができる。また、どうしても暑い気候が気になるならば、標高1000m以上の比較的涼しい高原に出かけるのも、おすすめである。

秋になると再び色々な場所にキャンプに出かけていく。紅葉はこの季節の大きな楽しみだ。また秋が深まり、寒くなるにつれて、空気が少しずつ透明度を増していく。それだけに、星がきれいになっていく季節でもある。私は秋には地面に横になって夜の空を静かに眺めるのが好きだ。

冬のキャンプはまた他の季節にない楽しさがある。本社前のキャンプフィールドは雪が降り積もり、辺り一面が銀世界になる。ぜひ体感してほしいのが、極限的な静粛である。この静けさはやはり冬ならではのことだ。冬のキャンプはとにかく「寒い」と思われがちだが、燕三条の場合だとおおむね最低気温はマイナス2~3度にとどまり、春や秋と比べて極端に寒いわけではない。雪は冷たいが、マットを敷くなどして下からの冷気をシャットダウンすると、春や秋のキャンプとそれほど変わらない。また冬を快適にすごすために先人が培ってきた生活の知恵も楽しい。例えば、シュラフの足元に湯たんぽを入れるたびに、私は「古くからのものはよくできている」と感じる。

世の中には娯楽のゲームがたくさんあるし、仕事にはコンピューターが入ってくる。インターネットは生活の中でますます使われていくし、オンラインで製品を買う人も増えている。バーチャルな世界がものすごい勢いで地球上に広がっている。それはスマートフォンの普及によって加速していて、放っておくといやおうなしにバーチャルに依存してしまうような社会構造がある。

これに対して、アウトドアはあくまでリアルな出来事に満ちている。キャンプでは誰もが自然と向き合うことができる。テントの中に寝ていると夜、獣の声がする。星を見たり、焚火をしたりしながら、自然の時間をゆったりとすごすことができる。オートキャンプの場合はファミリー単位でそんな時間を共有できる。アウトドアにもカメラやパソコンなどのデジタルデバイスを持ち込めるが、むしろ自分が文明とは切り離されていることを楽しみたい。

自然の時間を感じることは、経営者としてもプラスになっている。

数年に1回レベルの重要な決断をするとしたら、私ならばキャンプで2、3日アウトドアに身を置いてから、自分の心が赴くほうを選択する。五感を磨いてから決めることこそが正しい選択ではないかと思っている。残念ながら、経営者でキャンプに日常的に出かけている人はあまりいないようだが、私からしたらとてももったいない話だ。自然の中でビジネスの時間の流れとは違うリズムですごすと気持ちをリフレッシュできるし、人間が本来持つ感覚を取り戻すことができる。

ビジネス人間学
これからの「正義」の話をしよう
売れる営業
ファミリーオフィス
NO LIMIT
奇跡の製造業
ホワイトスペース戦略
ウェルチの戦略ノート
戦略コンサルタント
仮説思考
論点思考
トヨタ式最強の経営
自律チーム型組織
知の
ワークスタイル革命
知識創造企業
次世代生産システム
ブランド・エクイティ戦略
企業ブランド強化の経営戦略
なぜ会社は変われないのか
コスト戦略と業績管理の統合システム
すべては「単純に!」でうまくいく
老いてこそ人生
五輪の書
エントロピーの法則
第三の波
超勉強法
成長原理
楽天家
イヤならやめろ!
速読の英語
自分の時代
日常学のすすめ
明治という国家
自然系の休日
インターネット経営
国際貿易の理論
世界の自己啓発50の名著
市民のための情報公開
契約力
世界の見方・考え方
プライシング
特茶

社長室にはビジネス書がずらりと並ぶ。経験や直感と同時にロジックやセオリーを重視する

経営は複雑な状況が絡み合い、相反する2つのことを同時に実現する方法を考えなければならないようなことが多い。ビジネスの世界において経営者はそんな日常を送っている。だからこそ、アウトドアでいつもと違う時間をすごし、「色々なことがそれまでと違って見える」とか、「平面的な状況が目線を変えることで立体的に見える」ことがいっそう大切になるのではないだろうか。

ハードワーキングからの脱出

キャンプに出かけないとき、私は午前6時半ごろ目を覚ます。本社に出勤する日は午前8時半に出社。会社を出るのは午後6時半ごろだ。働きすぎないことを心がけている。

実はこれには苦い経験がある。96年に社長に就任してから2年ほどは帰社するのが深夜1~2時だった。それまで地元の青年会議所の理事長を務め、本業だけに時間を割けなかったのが一段落。ようやく本業に集中できる状況となり、毎日とにかくハードワークをしていた。しかも、一から十まで全部自分でやらないと気の済まない自己完結型の仕事だった。社員も私のジョブスタイルによって影響を受けていたし、私が帰宅しないために社員も会社から帰れない雰囲気があった。

だからといって業績が上がったかというと、全く逆で、売上高は下降が続いていた。しかも、そんな生活で次第に体調が悪くなり、医師からは「働きすぎだ」と言われた。

業績を上げるためにハードワークをしたつもりが結果がついてこない以上、仕事のやり方が間違っているのは明白だった。ユーザーに楽しさを提供するアウトドア会社の経営者として、私はそれまでのワークスタイルを変えようと思った。

ではどうすべきか。それまでは社内のすべての仕事にかかわっていたが、そんなスタイルはやめにして、「これからは業績を伸ばすことにつながる仕事だけをしていこう」と決めた。具体的には「新しいことに取り組む」か、「既存のビジネスを伸ばす」かのどちらかになるが、私はどちらかというと、新しいことに取り組むほうが自分のキャラクターに合っていると思った。新しいことへのチャレンジは1回ではなかなか成功しないが、失敗を経てもう1回チャレンジしてみると、違うチャンスが見えてくる。きつくともどんどん挑んでいくことは私に向いている。海外展開を始めた時期であり、海外事業の立ち上げに注力するようにした。

一方で、それ以外の仕事を周囲に任せるために人材教育に力を注いだ。任せられた社員には当初、戸惑いがあったようだが、続けていくうちに成長し、次第に適応していった。

好きな製品だけを作るブランドを構築する

経営とは何かと問われたら、私は「常識の集積と創造」だと答える。卓越した常識あるいは原理原則を見抜く力といってもいいかもしれない。このため、定型化したセオリーを知っていたほうがいいに決まっている。その意味では、ドラッカーをはじめ、定評のある経営書は繰り返し読むようにしている。

一方、経営環境はいつも変わっていき、事業の成長に伴って新しい課題が浮上してくることもある。特にスノーピークはオリジナルな製品にこだわり、「世の中を変えてやろう」という会社のため、周囲の動きに比べて取り組みが早い。その分、自分たちで考えていくしかない。

こうしたときに例えば、米国の経営学の論文は日本の論文などと違ってすぐに使える内容が多く、変化している状況を体系的に理解する上で参考になる。例えばSNSが台頭してきたときに、それが何をもたらすのかについて、米国ではリアルタイムで論文になっていて、経営の道具として活用しやすかった。

「自由」であることの厳しさとやりがい

マネジメントの観点から、スノーピークをあえて一言で表現するとすれば、「好きなことだけを仕事にする」経営と言えるかもしれない。これは「好きな製品だけを作る」ブランドと言い換えてもよいだろう。

「自らもユーザーであるという立場で考え、お互いが感動できるモノやサービスを提供」というミッション・ステートメントに従って、世の中にない製品を作ってきた。そして、これまでにないことに取り組む以上、過去や現在を調査しても意味がない。新しい価値観を生むために、徹底的に考えなければならない。これは「自分たちが持っている選択の自由を正しく行使する経営」と言えるだろう。

尊敬する経営者の一人であるアップルのスティーブ・ジョブズもこうした経営で革新的な製品を生み出していた。ジョブズの作る製品にずっとしびれ、「どうしてこんなにすごい製品が作れるのだろう」と思ってきた。同じような発想が広がれば、どんな業界であっても製品やサービスの多様性が高まるし、チャンスがあると思う。

自分たち独自の目線を持った会社はあまりに少ない。売上高や利益ベースだけで考えて製品をサプライしているだけの会社が多すぎる。思考軸がライバル会社に対してどうするかに基づいていて、「好きなことをしよう」という発想が感じられないケースが目立つ。これはとても残念なことだ。

もちろん多くの大企業には優れた人材が集まっているし、様々な面でエクセレンスがある。しかしその反面、巨大さのため革新的な製品を生み出したり、販売したりするのが難しい面があるようだ。大きな会社ならばそれだけ大きなチャンスがあるはずなのに、自分たちの可能性を限定してしまい、わざわざ狭い領域を選択して生きているように思えてならない。

スノーピーク流海外市場の開拓法

オートキャンプは海外で生まれた文化だと思われることがあるが、日本発のキャンプ文化であり、スノーピークがその先頭に立ってきた。また自然に対する日本人の繊細な感覚は海外からの評価がとても高い。そこでスノーピークは魅力をこれからもどんどん海外に向けて発信していきたいと思っている。

同時にアウトドアメーカーの経営を考えたとき、国内市場には一定の限界がある以上、海外市場の開拓がこれまで以上に重要になってくるのは間違いない。製品ごとのマーケティングには全く興味がないが、全体的な市場構造を踏まえた上で戦略を固めなければ、事業を伸ばすことはできない。その意味で海外は重要だ。

スノーピークの売り上げは現在、約35％が海外となっている。海外に本格的に進出したのは米国からであり、欧州、さらにアジア、オセアニアという順番で拡大し、合わせて約25カ国で販売している。まだ国内の比率のほうが高くて3分の2を占めるが、日本のアウトドアのマーケットが世界の3分の2ではない以上、スノーピークは海外の比率をこれからさらに引き上げていくことになるだろう。

海外市場の可能性は別な数字でも裏づけられる。あまり知られていないことだが、人口に対するアウトドアを楽しむ人の比率を国際的に比較した場合、日本はかなり少ない部類に入る。

スノーピークでは日本の人口約1億2000万人に対してアウトドアを楽しむ人は登山やキャンプなどすべて含めても、1500万人ほどだと推定している。これに対して、欧米はずっとその比率が高い。

興味深いのは同じアジアでも、韓国は欧米並みに比率が高いといわれていることだ。登山人口だけをとっても、人口5000万人のうち2500万人ほどが登山を楽しんでいる。それだけにスノーピークにとって大きな可能性がある。

海外でも販売にあたっては、代理店をほとんど使っていない。現地法人を設立し、小売店と直接取引している。これは国内と同じように販売価格を抑えると同時に品ぞろえを確保したいからだ。こうすることによって、海外でもスノーピークの世界観をしっかり知ってもらう。

ソウルにヘッドクォーターズラウンジ

スノーピークストアは海外でも展開しており、このうち韓国には直営とインストアで約30店舗がある。ソウルにはヘッドクォーターズラウンジ(HQ Lounge)と名づけた現地本社があり、この場所にアクセスすればスノーピークのコンセプトや製品が分かる。台湾でもスノーピークストアの店舗展開が始まっている。

韓国、台湾では日本と同じように、スノーピークはオートキャンプのパイオニアメーカ

新入社員研修では、テントの張り方を徹底。実際に泊まってスノーピーク流アウトドアを体得する

ーという認識が強い。「自分たちが楽しんでいるオートキャンプのもともとのスタイルをつくった会社」として知られている。

日本と同じやり方で韓国と台湾でもキャンプイベントのスノーピークウェイを実施している。私はこれまで韓国でのイベントに参加したことがあるが、通常は現地法人の社長や幹部が私の役割を果たしている。ユーザーからは製品について色々な意見をもらうなど、幅広いコミュニケーションがある。ミッション・ステートメントに基づいてユーザー目線を貫くことは海外でも徹底している。

欧米ではウルトラライトから市場を開拓

一方、世界を見回したとき最大のアウトドアマーケットは米国であり、世界中のアウトドア業界が注目している。米国でブランディングができたら世界中に広げるのは早い。このため、海外進出はアジアより前に米国から始めた。

しかし、残念ながらオートキャンプの文化は欧米にまだ広がっていない。欧米にあるのはバックパッキング、あるいはトレーラーやキャンピングカーのキャラバンというカルチャーだ。最終的にはオートキャンプの用品を販売したいが、まずはバックパッキングというこれまでのマーケットで、スノーピークしかできないことに取り組み、知名度を上げようと考えてきた。

アウトドアの世界では、無名のメーカーであってもいい製品をつくれば愛好者は評価し、やがて使うようになる。いい製品を作った者が勝つので、その意味ではフェアな競争ができる。

スノーピークの場合、米国でのビジネスの基礎をつくるため、チタン製の鍋や小さなストーブを開発して投入した。すると、当初、米国では無名だったにもかかわらず、著名なアウトドア誌の製品賞を日本メーカーで初めて受賞した。これを契機にして全米にある約300店の販売店との取引が実現。少しずつ知名度が上がっている。

アウトドアにはバックパッキングなどで「ウルトラライト」というカテゴリーがある。米国やそれから展開した欧州では、この領域でスノーピークはハイエンドで先鋭的なメーカーというイメージが広まっている。

5年後のスノーピークはどうなっているのだろうか

経営者として、社内外に対して様々な形で情報を発信することが大切なことの1つであると思っている。これはユーザーは経営者の姿勢を通じて会社を理解する部分があるからだ。

私は年間何十泊もキャンプをしているアウトドアのヘビーユーザーだ。このため、経営者としては「変わっている」と思われることがあるが、ユーザーからは「そんなに好きだからこそ、いい製品を作ることができる」と理解していただいている。それだけに、できるだけ分かりやすく、情報を発信するようにしたいと考えている。

自分から情報発信すると必要な情報がいつか入ってくる

ミッション・ステートメントを重視してきたスノーピークの「武器」は、経営者である私、そして企業としてのスノーピークに3つの選択の自由があることだと思う。すなわち誰に対して、どんな製品を、どんな形で売るのかを決める自由だ。この3つの組み合わせをどうしていくかを考えることこそが経営者の仕事だ。

経営の成否を決める上で外部環境に左右されるのは40％余りであり、残りの50％余りは経営者にかかっていると聞いたことがある。私からすると、これは自由に選べる選択肢のほうが多いことを意味しており、それだけ経営者の果たすべき役割はとても大きい。社会の構造や人々の暮らし方は変わっていくし、そこにビジネスのチャンスがある以上、先取りして変化を自ら起こしていかなければならない。

今の事業をゼロから立ち上げ、仕組みをつくってきたのはすごく面白かった。どちらかというと、私は1を1・1、1・2と少しずつ伸ばすのではなく、0を1にするような新しいことにチャレンジするほうが向いていると思う。

そのためのヒントを集めるために、あえて自分から情報を発信。経営についてなるべく包み隠さず話している。情報とは自分に発信力がないと受信できないものだと思っているからだ。これまでの経験では、何かのタイミングで私の発した情報を受け取った人が、やがて有益な情報を伝えてくれることが多い。スノーピークはマーケティングをしない会社だが、あえていえば経営者である私がどんどん動き発信することがマーケティング活動になるのかもしれない。

外に向けた情報発信に消極的な経営者もいるが、だいたい私が「スノーピークのつくり方はこうです」と話しても、他社がそのまますぐにすべてまねできるわけでない。発信するデメリットよりメリットのほうがはるかに大きいと感じている。

アーバンアウトドアというキーワード

「5年後のスノーピークをどうしていくのか」について、このところ役員合宿を何回も重ねながら考えてきた。

2000年以降2009年までの10年間はマーケットがシュリンクしても、スノーピークは年平均7％ほどのペースで成長してきた。粗利率はざっくり50％ほどあり、これからマーケットが悪くなっても成長できるだろう。営業利益率は6〜7％ほどだが、今後は最低でも10％を目指していく。私は10％というのはブランドメーカーとして不可欠なラインだと思っている。そこから最終的な目標である20％が達成できたらパワーブランドといえるだろう。

これまでのやり方に固執するのでなく、目線を変えて取り組みを深化させていく

２０１３年度の連結売上高である45億円に対して、２０１８年の売上高は約７倍の３００億円を目指している。約１６０人の社員はそのときには５００人ほどに増えているだろう。このとき、売上高における海外の比率は半分ほどになっているはずだ。

会社は目標以上に成長できない以上、私はこれまでも大きな目標を掲げてきた。その上で中期的な視点から、目標に近づくための方策を練っている。

まず、国内のキャンプ市場だ。オートキャンプは90年代前半にブームになったとき、ピーク時には２０００万人が楽しんでいた。このところ、当時子供だった人たちが親になって今度はファミリーでキャンプに行くようになっている。そういう意味では、オートキャンプは2回目の大きな波を迎えつつある。

しかし、それだけではない。次の成長を実現するためにはこれまでの事業の枠にとどまらない形で新たな事業プランを練っていく必要がある。

コト発想で業態も見つめ直す

そのためのキーワードが「アーバンアウトドア」だ。

これはスノーピークがこれまでアウトドアでやってきたこと、つまり突き抜けた品質のものを日常生活に対して提供していくことだ。圧倒的に品質がよく、デザインもよい製品を使えば、そうでない製品を使うよりも豊かな生活ができると私は確信している。今まではフィールドで人と自然をつないできたスノーピークが、今度は都市でも自然と人をつないでいくと考えていただくと分かりやすいかもしれない。

「スノーピークとは何の会社か」と聞かれたとき、やはり多くの顧客にとって、しっくりくるのは「アウトドアの会社だ」ということだ。その強みを生かしながら、新しいカテゴリーを提唱していく。製品を作るための力は既に持っているが、今後はサービスを含めた形で新しい仕組みをつくれるかがポイントになるだろう。そのためには業態も含めて、しっかり考え直していく必要がある。

スノーピークはこれまで事業を通じて、人と自然をつなぐことを目指してきた。こうした取り組みを本質的に掘り下げていくと、さらにコアな価値が見えてくる。それは「人間性の回復」だ。私はここにスノーピークの新しいビジネスの手がかりがあると考えている。よく言われることだが、これからのビジネスで付加価値を高めていくにはモノからコトへの転換が必要になるのは間違いない。単純に製品を提供するだけでなく、それにまつわるサービスも含めて総合的な満足や楽しさを届けようという考え方だ。そして、現在構想しているアーバンアウトドアではこれを実践していく。

もう少し具体的に説明しよう。例えば、秋が深まる中で、「では、近くの公園でチーズフォンデュを楽しもう」と考えたとしよう。だいたい日本ではこうした発想自体がなかなかないが、この場面を考えたとき、これまでのスノーピークならば「では、チーズフォンデュの道具を作ろう」というところまでは考えたかもしれない。それでも、あくまでも製品だけにこだわっていた。

頭を切り替えて突き詰めていく

しかし、アーバンアウトドアではもう一歩踏み込んでいく。つまり、この場面をよく考えてみると、「どの公園のどのベンチが一番素敵か」という情報や「この店に行くとチーズやパンや燃焼器具がワンパッケージ〇万円で手に入る」といったことも重要な要素になってくる。

ただし、これまでスノーピークはパンを作らないし、チーズも売ったことがない。今後は、家族が自然の中で幸せになる手段を提供するという点からは、必要な取り組みになってくるかもしれない。

このときに「アウトドア製品を作る会社」ということに縛られると、新しい発想は生まれない。スノーピークはそういう意味では保守的な会社だと思う。製品は革新的だが、事業はここからここまでの範囲だと規定している。それはそれでいい面もあるのだが、同時にもっと広いマーケットやカテゴリーに対して、人間性の回復が提案できるのではないか、と考えている。

頭を切り替えて、「アーバンアウトドアでのチーズフォンデュのオーソリティー」として、これ以上のチーズフォンデュはない、というところまで突き詰めることができたら、スノーピークらしい提案ができるようになるだろう。これは、あくまで例として挙げている。チーズフォンデュの会社になろうとしているわけではない。念のため。

キャッチコピーの「人生に、野遊びを。」とは実はアウトドアとアーバンアウトドアを集約したものでもある。これまでのアウトドアだけでなく、今後アーバンアウトドアの市場を切り開くことができたら、スノーピークはこれからさらに大きな成長を実現できるに違いない。

これからのスノーピークの新しいビジネスにもご期待いただければ幸いである。

徹底解説

燕三条ネットワーク

真っ赤に溶けた鋳鉄を金型に流し込む。さらにいくつもの工程を経て製品が完成する

三条特殊鋳工所　内山照嘉社長

燕三条には江戸時代以来、金属加工の長い伝統がある。三条特殊鋳工所が手がけるスノーピーク製品「和鉄ダッチオーブン」はポット本体の厚さが2.25㎜と驚異的に薄く軽いだけでなく表面加工の美しさに定評がある。内山社長は山井社長の三条高校の同窓で、付き合いは約20年前の青年会議所時代にさかのぼる。「山井社長は人に対してもビジネスに対しても、すごく洞察力のある経営者だと思う」

(株)滝口製作所

鍛造加工を加えることによって、これまでにないペグが実現

滝口製作所　滝口栄三社長

加工機のハンマー音が響く中、スノーピークのテント用ペグ「ソリッドステーク」を次々に製造する。部品製造などで培ってきた鍛造技術によって、アスファルトを貫通するほどの硬度にまで仕上げていく。そこにはペグの長さに合わせて製造方法を微妙に変えるなど、ものづくりの町ならではの繊細な発想が息づいている。滝口社長は山井社長の父のころからの付き合い。「代が替わってからも、地元を盛り上げてくれている」

AIDA
プレス作業主任者
阿部政志
13号機
機械能力
80トン
取扱責任者
阿部政志
AIDA

燃焼系ランタンならではの暖かく優しい光が人気を集める

シマト工業　斎藤直人社長
ガスランタンシリーズの「ギガパワーランタン」をはじめとしたスノーピーク製品を手がけている。パーツを手がける小さな加工場の取りまとめ役となるハブ工場の役割も果たしている。斎藤社長は山井社長と同じ三条高校出身で、大学卒業後に大手製鉄会社勤務を経て、父の会社に入った。山井社長とは三条工業会の青年部でも一緒に活動した。「山井社長は決めたことをやり抜く信念と実行力があると思う」

Chapter 6

白い頂への
ヒストリー

ブームに踊らない「ブレない」会社をつくる

スノーピークはこれからもコンパスの指す「真北の方角」として、ミッション・ステートメントのスノーピークウェイを中核に進んでいく。

経営にはいくつもターニングポイントがあり、その都度選択を迫られる。AとBのどちらかを選ぶときには、いつでも「どちらがスノーピークウェイに従っているのか」に基づいて考える。その結果、「Aがそうだ」と思ったらAを選択するし、「Bだ」と思うならばBに針路を取る。

そしてここからが大切なのだが、「AもBも違う」と思ったら、どちらかを無理に選んではいけない。迷うことなく別の道としてCを自分で考えていかなければならない。自ら二本の足で立って、自分の頭で考えて主体性を発揮していく必要がある。

こうしてミッション・ステートメントに従って、ユーザーと一緒につくってきたコミュ

創業者で山井社長の父、幸雄氏の「自分がほしい製品を作る」DNAをスノーピークは受け継ぐ

ニティーブランドがスノーピークだ。最後に改めてこのブランドの歩んできた道のりを記したい。振り返ると、私が父の会社に入社してから30年弱になるが、最初の10年ほどとそれからの約20年は全くといっていいほど違った会社になっている。

社名のルーツは約50年前の父の代

スノーピークの歴史は私の父、山井幸雄が1958年にそれまで勤めていた会社から独立し、「山井幸雄商店」を立ち上げたことから始まる。

父は登山用品や釣具などを手がけるとともに、休日のたびに谷川岳などに出かけ、その経験を製品開発に生かしていた。その意味で私のアウトドアの取り組みと近い。社名は一時、「ヤマコウ」となり、96年からスノーピークになった。私が社長に就任するタイミングで今の社名に変更したが、スノーピークという名称自体は父が63年にブランド名として商標登録しており、それを引き継いだものだ。

男の子供が1人だったこともあり、私は子供のころ父からずっと「いつか会社を継ぐんだ」と言われながら育った。大学卒業後に外資系商社に就職したとき、父は「外の会社で働くのは3年だけだぞ」と言ったらしい。

しかし、私は父との「約束」をはっきり覚えていない。父を尊敬していたので心の中で7割ほどは「いずれは帰らなければならない」と思っていたが、一方で外資系商社での仕事は楽しく、新しい分野の開拓を任され、やりがいがあった。このため、「父の会社にはもう帰らなくてもいい」という気持ちが3割ほどあった。そしてもし、父の会社に入社するならば、「ぜひ、これをやろう」ということがなければ、「入っても意味がない。入るならば、そこで新しい事業を興さなければならない」と思っていた。

オートキャンプという事業が頭に浮かんだのはそんなときだった。

時代は80年代中盤で、日本は経済的に成功していた。米国の著名な社会学者、エズラ・ヴォーゲルの著書『ジャパン・アズ・ナンバーワン』によって日本的な経営が評価を集めるようにもなっていた。しかし、社会全体がまだどこか未成熟であり、日本の生活は豊かではない印象があった。そんな中で自動車の登録台数の10％ほどが4WD車となり、SUVが高い人気を集めるようになっていた。このことは、私に新たな時代の到来を予感させた。まだSUVに乗って出かけるアウトドアを楽しむ人はほとんどいなかったが、「車のトレンドは世の中の気分を反映する以上、豊かなアウトドアライフスタイルを求める人がたくさんいる」と感じた。

本社のすぐ前にキャンプフィールドが広がる。オートキャンプの聖地として人気が高い

特集を掲載した雑誌を仏壇に供える

そして、SUVを使ったキャンプを提唱すれば日本に根づくのではないか、と素直に発想した。そこにはもちろん、自分もアウトドア愛好家の1人としてSUVで行くキャンプスタイルに合致したハイエンドな製品がほしいという思いがあった。こうして「ぜひ、これをやろう」が見えてきた私は外資系商社を4年半で退職。86年に父の会社に入社するとすぐ、この分野の製品開発に着手した。父の会社はそれまでオートキャンプと無縁だったが、私は前職で新しい製品で新市場を開拓する経験を積んでいたので迷いはなかった。

88年にオートキャンプの製品を発売すると間もなく注目を集め、私の直感した通りブームになった。当時私は20代後半であり、製品開発の先頭に立っていた。ある年は1カ月ほど北海道に出かけたまま製品のテストとカタログの撮影を毎日のように繰り返した。そして、その合間にフライフィッシングをする日々を送った。オートキャンプのブームはアウトドア業界全体を巻き込み、発行部数が50万部のアウトドア雑誌が登場するほどだった。この雑誌が92年のある号で、海外の有力ブランドと並んでスノーピークを「エポックメーキングな存在」として特集で採り上げてくれたときは感慨深かった。スノーピークが一流ブランドとメディアから初めて認定された瞬間だったからだ。

そのための取材を受けた後、編集作業中に創業者である父が亡くなった。間もなくして発行になった雑誌を見せられなかったのは残念だった。それでも、私は記事が掲載になった号を仏壇に供えて手を合わせた。私が入社したときにスノーピークの売り上げは5億円ほどだったが、93年には25億5000万円と5倍以上になっていた。すべてが順調に進んでいるかに思われた。

しかし、好事魔多し。オートキャンプのブームが去り、スノーピークは94年から99年まで減収が続いた。売り上げは99年には14億5000万円まで減少。ピークから4割を失った。それでもカタログを出版するなど伝え方を工夫し、96年にはロングセラーとなる「焚火台」を発売するなど、着実に製品開発を続けた。こうしたことが後になって効いた。

思いを込めたメッセージ

国内経済のスローダウンが重なり、ハイエンドなマーケットがシュリンクする中、選択肢は2つあった。1つはハイエンドへのこだわりを捨ててホームセンターや量販店に製品を出荷すること。もう1つは製品のコンセプトは変えないで、新たに海外市場を開拓することだ。スノーピークは迷うことなく海外への展開を選んだ。私は96年、父から経営を引き継いでいた母に代わって社長に就任。少しずつ海外市場の開拓が進み、国内においても小さなヒット商品がいくつか出ていた。それでも、かつて起こした大きなブームとその終焉によるマイナスに振り回される日々が続いた。

転機は98年にスタートのキャンプイベント、スノーピークウェイだ。ある社員が「ユーザーの顔を見ることから始めないと元気が出ない。ユーザーとキャンプをしよう」と提案したことがきっかけになった。それでも、順風満帆ではなかった。大阪と本栖湖の2会場での開催を予定していたが、スケジュールが先の大阪は台風の接近によって開催できなかった。売り上げが6期連続で落ちていたときの台風であり、「泣きっ面に蜂」だった。それでも、本栖湖では何とか開催し、その会場でスノーピークは初めてユーザーと1つの焚火を囲ませてもらった。今もスノーピークウェイの「焚火トーク」として続いているが、最初は本栖湖のキャンプ場だった。そして、このときにユーザーと話したことが今のスノーピークをつくっている。

その思いを私は2000年のカタログにユーザーに向けたメッセージとして記した。一部加筆修正し、ここに再録する。

ユーザーのテントを訪問して回るうちに、心地よい陽気に思わず地面に倒れ込む

スノーピークの真北の方角

私たちは1998年、大阪・舞洲と山梨・本栖湖の2カ所でキャンプイベントを開催することにしました。スノーピークウェイ・アウトドア・ライフスタイルショー。これはスノーピークが展示会に与えたネーミングですが、98年からはそれにイン・キャンプ・グラウンドという文字が加わり、ユーザーの皆様をお招きする日をつくらせていただきました。

スノーピークウェイの様々な役割の中で、スノーピークの内部にとって最も大きなことは、目指すべき「真北の方角」を参加したスタッフ全員が五感で理解でき、再認識できる点にあります。

スノーピークで仕事をするということの意味は何か。私たちスタッフ全員のベクトルは、ユーザーの皆様の笑顔から考えれば、1つの方角を示します。それがスノーピークの真北の方角です。

実際にたくさんのユーザーの皆様と一緒にキャンプしながら、お話をさせていただきました。内容は製品のこと、開発のこと。ユーザーの皆様から見た、スノーピーク製品の品質、価格、購入のしやすさなどについてもあります。

集約すると、スノーピークの製品は、品質がよいけれども価格が高い。スノーピークの製品を買いたいけれど、自分の生活圏の中では売っていない。そんな生の声でした。「社長、製品が高いよ。おかしいじゃないか」「買っているけれど、納得して買っているわけではないんだよ」という声がありました。また「自分の生活圏で販売店に出かけても、スノーピークの製品はあまり売っていない。何とかしてほしい」という強いご要望をいただきました。

正しい感受性を持って、この真剣な声に応えたい。そのためにはスノーピークも血を流す覚悟が必要になるだろうが、ユーザーの皆様のために、革新を実現しなければならない。これが私たちスノーピークが決意したことでした。そのことを非常に素直に実行に移し、そのことに気づかせてくれたユーザーの皆様にこうして報告ができることが、私たちスノーピークにとって一番うれしいことです。

スノーピークは2000年から販売網を再構築し、流通革命により、大幅なプライスダウンを行います。問屋というレイヤーを1つ排除しました。あとは1000店舗あった販売店を250店舗に絞って地域ごとに1商圏1ディーラーにして、すべてのスノーピークの製品をそのディーラーに置いてもらうような販売網を作りました。

　このカタログでのご報告に先立ち、１９９９年10月に長野県のキャンプ場で開催したスノーピークウェイに参加していただいたユーザーの皆様に、発表させていただきました。ユーザーの皆様から、大きな温かい拍手をいただきました。

　98年には多くのユーザーの皆様から「リビングシェル」の開発を強く要望されました。ご自身が本当にほしかった製品の開発を要望し、そのアイテムがスノーピークウェイの２０００年の会場にセッティングされているのを見て、感動して、泣いてくださったユーザーがいらっしゃいました。この方々のために私たちスノーピークは存在している、と実感する瞬間でした。

　そしてこのカタログを読んでいただいているあなたのために私たちは存在し、毎日楽しい仕事をやらせていただいています。

　スノーピークウェイの会場では「社員の皆さんと、もっともっとよい会社にしていってくださいね、私たちが応援していますから」と帰り際に何人ものスノーピーカーが言ってくださいました。終了後、スタッフと一緒にタープを撤収しながら下を向くとそれを思い出して、涙が出るのを止められませんでした。

スノーピークはよいユーザーに恵まれている幸福なブランドメーカーであるといつも思うのですが、そんなユーザーの皆様にこんなに喜んでいただけるビジネスを、みんなで力を合わせてやっていけることに、素直に感謝の気持ちがわいてきます。2000年、スノーピークは新鮮な気持ちで原点を見つめ、そこから白い頂を目指していきたいと考えています。

私たちスノーピークは、ユーザーの皆様に参加していただける、世界でもまれなオープンなものづくり集団を目指しています。そのためにスノーピークウェイを全国で開催させていただきたいと考えています。

多くの皆様とお会いでき、たくさんのお話ができることを、スタッフそしてディーラーの皆様とともに楽しみにしております。

スノーピークはユーザーのためにある会社として、これからも目指すべき方向を見失わない。「真北の方角」、つまり目指すべきことは顧客の笑顔しかない。ユーザーの人生を豊かにするために存在している以上、ご要望、お叱りを含めてユーザーに参加してもらいながら、スノーピークを経営していく。

ファミリーの絆と株式の上場

スノーピークには創業からここまで喜びや楽しみ、そして苦しみを共有してきた山井ファミリーのメンバーが在籍している。母は社長を私に譲ってから一時会長となり、現在は相談役を務めている。毎日出社しているし、元気に社内を動き回る。妹2人は常務と内部監査室長を務めている。兄妹が会社内でどんな役割は果たすかなどについて、特別な相談をしたことはない。働いているうちにいつの間にか今の形に落ち着いた。兄妹の仲は人がうらやむくらいにいいし、連携がとれている。また私の妻はスノーピークの福祉子会社の施設長を務めている。加えて、私の長女が最近アパレルデザイナーとして入社している。小さいころから家族でキャンプに一緒に出かけてアウトドアパーソンとして育ってきたと同時に、大学院までアパレルのデザインを学んできた。社内にファミリーの3世代がいる。

これまでの歩みを踏まえながら、さらに新しいチャレンジをするために、スノーピークはこのところ株式上場に向けた準備を着々と進めている。ミッション・ステートメントにこだわりながら、市場からの資金調達力を高め知名度を上げていき、これまで以上にたくさんのユーザーに満足してもらえる会社を創っていきたいと考えている。

母（右から2人目）、2人の妹（右、左）とともに。山井社長の長女も入社し、3世代がそろっている

Chapter扉ページのスノーピーク製品

p.7

テントは小型タイプだけでなく、ドームテントやタープをはじめ、多様なスタイルのシステムを展開する

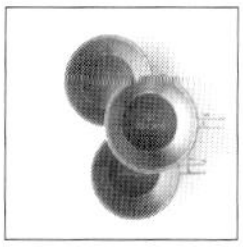

p.15

アウトドアでの食事を、機能的であると同時に楽しくするための製品を多数そろえている

p.55

ソリッドステークとペグハンマー ● 鍛造技術で生み出す強靭なテント用ペグと、それを打つのに適したハンマー

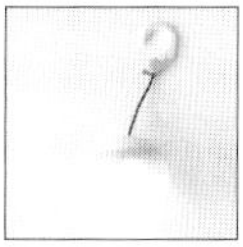

p.101

ソリッドステートランタン ほおずき ● ゆらぎモードで音や風に反応して灯りがゆらめく風流な仕様

p.135

シャツやパンツ、キャップをはじめ、アウトドアのキャンプスタイルにふさわしいアパレルを展開する

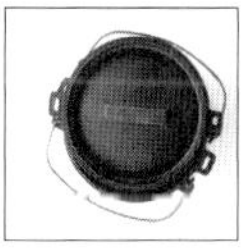

p.171

和鉄ダッチオーブン ● 日本の伝統的な鋳鉄技術が生み出すダッチオーブン。完成度の高いスタイルも人気

p.205

ギガパワーランタンシリーズ ● 小さなボディに宿るハイパワーが特徴。あらゆるキャンプシーンで活躍する

山井 太（やまい・とおる）

1959年新潟県三条市生まれ。明治大学を卒業後、外資系商社勤務を経て86年、父が創業したヤマコウに入社。アウトドア用品の開発に着手し、オートキャンプのブランドを築く。96年の社長就任と同時に社名をスノーピークに変更。熱狂的なアウトドア愛好家で毎年30～60泊をキャンプですごす

日経トップリーダー

企業経営の実践的なケーススタディーを中心とするビジネス誌（月刊）。1984年創刊の「日経ベンチャー」が生まれ変わって2009年に誕生。毎号の特集では現代の名経営者の発想、高収益企業の独自のノウハウなどを徹底取材し、分かりやすく解説する。日経BP社発行

スノーピーク
「好きなことだけ！」を仕事にする経営

2014年 6月 9日　初版第1刷発行
2014年 9月16日　第3刷発行

著　者　山井 太
編　集　日経トップリーダー
発行者　杉山 俊幸
発　行　日経BP社
発　売　日経BPマーケティング
〒108-8646
東京都港区白金1-17-3
装丁・カバーデザイン　デザインエイエム
本文デザイン　エステム
印刷・製本　図書印刷株式会社

ISBN978-4-8222-7765-9